青少年人工智能编程启蒙丛书

3D创意编程

易　强　秦晓霞　陈　畅　主　编

王志成　肖　杨　李　煜　龚运新　副主编

清華大學出版社

北京

内容简介

本书全面介绍3D图形化编程方法，选用有趣、实用的项目编写，以培养学生兴趣，提高立体思维能力。本书采用项目式体例编写，全书安排16个项目，将编程的基本知识分解到各项目中进行训练，选择学练结合的编写方法，每个项目包含一个核心知识点，同时加强学科融合、五育并举，加强内容的应用和拓展，做到从易到难、循序渐进，训练读者深度思维能力。

本书可作为中小学“人工智能”课程入门教材，第三方进校园教材，学校社团活动教材，学校课后服务（托管服务）课程、科创课程教材，校外培训机构和社团机构相关专业教材，自学人员自学教材，也可作为家长辅导孩子的指导书。

图书在版编目（CIP）数据

3D创意编程．上 / 易强，秦晓霞，陈畅主编．

北京：清华大学出版社，2024. 9. --（青少年人工智能编程启蒙丛书）. -- ISBN 978-7-302-67289-0

Ⅰ. TP311.1-49

中国国家版本馆CIP数据核字第20247UX618号

责任编辑：袁勤勇　杨　枫
封面设计：刘　键
责任校对：李建庄
责任印制：宋　林

出版发行：清华大学出版社
网　　址：https://www.tup.com.cn，https://www.wqxuetang.com
地　　址：北京清华大学学研大厦A座　　**邮　　编**：100084
社 总 机：010-83470000　　**邮　　购**：010-62786544
投稿与读者服务：010-62776969，c-service@tup.tsinghua.edu.cn
质量反馈：010-62772015，zhiliang@tup.tsinghua.edu.cn
课件下载：https://www.tup.com.cn,010-83470236
印 装 者：三河市铭诚印务有限公司
经　　销：全国新华书店
开　　本：185mm × 260mm　　**印　　张**：11.75　　**字　　数**：176千字
版　　次：2024年9月第1版　　**印　　次**：2024年9月第1次印刷
定　　价：39.00元

产品编号：102978-01

丛书顾问委员会名单

顾问委员会寄语

新时代赋予新使命，人工智能正在从机器学习、深度学习快速迈入大模型通用智能（AGI）时代，新一代认知人工智能赋能千行百业转型升级，对促进人类生产力创新可持续发展具有重大意义。

创新的源泉是发现和填补生产力体系中的某种稀缺性，而创新本身是21世纪人类最为稀缺的资源。若能以战略科学设计驱动文化艺术创意体系化植入科学技术工程领域，赋能产业科技创新升级高质量发展甚至撬动人类产业革命，则中国科技与产业领军世界指日可待，人类文明可持续发展才有希望。

国家要发展，主要内驱力来自精神信念与民族凝聚力！从人工智能的视角看，国家就像是由14亿台神经计算机组成的机群，信仰是神经计算机的操作系统，精神是神经计算机的应用软件，民族凝聚力是神经计算机网络执行国际大事的全维度能力。

战略科学设计如何回答钱学森之问？从关键角度简要解读如下。

（1）设计变革：从设计技术走向设计产业化战略。

（2）产业变革：从传统产业走向科创上市产业链。

（3）科技变革：从固化学术研究走向院士创新链。

（4）教育变革：从应试型走向大成智慧教育实践。

（5）艺术变革：从细分技艺走向各领域尖端哲科。

（6）文化变革：从传承创新走向人类文明共同体。

（7）全球变革：从存量博弈走向智慧创新宇宙观。

宇宙维度多重，人类只知一角，是非对错皆为幻象。常规认知与高维认知截然不同，从宇宙高度考虑问题相对比较客观。前人理论也可颠覆，毕竟宇宙之大，人类还不足以窥见万一。

探索创新精神，打造战略意志；

成功核心，在于坚韧不拔信念；

信念一旦确定，百慧自然而生。

丛书顾问委员会由俄罗斯自然科学院院士、武汉理工大学教授郑刚强，清华大学博士陈桂生，湖南省教育督导评估专家谢平升，麻城市博达学校校长李理，中国科学院自动化研究所研究员汤淑明，武汉人工智能研究院研究员、院长王金桥，武汉大学计算机学院智能化研究所教授马于涛，麻城市博达学校董事长李尧东，无锡科技职业学院教授龚运新，黄冈市黄梅县教育局周时佐，麻城市博达学校董事李知，黄冈市黄梅县实验小学向俊雅、郭翠琴，黄冈市黄梅县八角亭中学洪小娟等组成。

人工智能教育已经开展了十几年。这十几年来，市场上不乏一些好教材，但是很难找到一套适合的、系统化的教材。学习一下图形化编程，操作一下机器人、无人机和无人车，这些零散的、碎片化的知识对于想系统学习的读者来说很难，入门较慢，也培养不出专业人才。近些年，国家已制定相关文件推动和规范人工智能编程教育的发展，并将编程教育纳入中小学相关课程。

鉴于以上事实，编委会组织专家团队，集合多年在教学一线的教师编写了这套教材，并进行了多年教学实践，探索了教师培训和选拔机制，经过多次教学研讨，反复修改，反复总结提高，现将付梓出版发行。

人工智能知识体系包括软件、硬件和理论，中小学只能学习基本的硬件和软件。硬件主要包括机械和电子，软件划分为编程语言、系统软件、应用软件和中间件。在初级阶段主要学习编程软件和应用软件，再用编程软件控制简单硬件做一些简单动作，这样选取的机械设计、电子控制系统硬件设计和软件 3 部分内容就组成了人工智能教育阶段的入门知识体系。

本丛书在初级阶段首先用电子积木和机械积木作为实验设备，选择典型、常用的电子元器件和机械零部件，先了解认识，再组成简单、有趣的应用产品或艺术品；接着用 CAD（计算机辅助设计）软件制作出这些产品的原理图或机械图，将玩积木上升为技术设计和学习 CAD 软件。这样将玩积木和学知识有机融合，可保证知识的无缝衔接，平稳过渡，通过几年的教学实践，取得了较好效果。

中级阶段学习图形化编程，也称为 2D 编程。本书挑选生活中适合中小学生年龄段的内容，做到有趣、科学，在编写程序并调试成功的过程中，发展思维、提高能力。在每个项目中均融入相关学科知识，体现了专业性、严谨性。特别是图形化编程适合未来无代码或少代码的编程趋势，满足大众学习编程的需求。

图形化编程延续玩积木的思路，将指令做成积木块形式，编程时像玩积木一样将指令拼装好，一个程序就编写成功，运行后看看结果是否正确，不正确再修改，直到正确为止。从这里可以看出图形化编程不像语言编程那样有完善的软件开发系统，该系统负责程序的输入，运行，指令错误检查，调试（全速、单步、断点运行）。尽管软件不太完善，但对于初学者而言还是一种有趣的软件，可作为学习编程语言的一种过渡。

在图形化编程入门的基础上，进一步学习三维编程，在维度上提高一维，难度进一步加大，三维动画更加有趣，更有吸引力。本丛书注重编写程序全过程能力培养，从编程思路、程序编写、程序运行、程序调试几方面入手，以提高读者独立编写、调试程序的能力，培养读者的自学能力。

在图形化编程完全掌握的基础上，学习用图形化编程控制硬件，这是软件和硬件的结合，难度进一步加大。《图形化编程控制技术（上）》主要介绍单元控制电路，如控制电路设计、制作等技术。《图形化编程控制技术（下）》介绍用 Mind+ 图形化编程控制一些常用的、有趣的智能产品。一个智能产品要经历机械设计、机械 CAD 制图、机械组装制造、电气电路设计、电路电子 CAD 绘制、电路元器件组装调试、Mind+ 编程及调试等过程，这两本书按照这一产品制造过程编写，让读者知道这些工业产品制造的全部知识，弥补市面上教材的不足，尽可能让读者经历现代职业、工业制造方面的训练，从而培养智能化、工业社会所需的高素质人才。

高级阶段学习 Python 编程软件，这是一款应用较广的编程软件。这一阶段正式进入编程语言的学习，难度进一步加大。编写时尽量讲解编程方法、基本知识、基本技能。这一阶段是在《图形化编程控制技术（上）》的基础上学习 Python 控制硬件，硬件基本没变，只是改用 Python 语言编写程序，更高阶段可以进一步学习 Python、C、C++ 等语言，硬件方面可以学习单片机、3D 打印机、机器人、无人机等。

本丛书按核心知识、核心素养来安排课程，由简单到复杂，体现知识的递进性，形成层次分明、循序渐进、逻辑严谨的知识体系。在内容选择上，尽量以趣味性为主、科学性为辅，知识技能交替进行，内容丰富多彩，采用各种方法激活学生兴趣，尽可能展现未来科技，为读者打开通向未来的一扇窗。

我国是制造业大国，与之相适应的教育体系仍在完善。在义务教育阶段，职业和工业体系的相关内容涉及较少，工业产品的发明创造、工程知识、工匠精神等方面知识较欠缺，只能逐步将这些内容渗透到入门教学的各环节，从青少年抓起。

丛书编写时，坚持“五育并举，学科融合”这一教育方针，并贯彻到教与学的每个环节中。本丛书采用项目式体例编写，用一个个任务将相关知识有机联系起来。例如，编程显示语文课中的诗词、文章，展现语文课中的情景，与语文课程紧密相连，编程进行数学计算，进行数学相关知识学习。此外，还可以编程进行英语方面的知识学习，创建多学科融合、共同提高、全面发展的教材编写模式，探索多学科融合，共同提高，达到考试分数高、综合素质高的教育目标。

五育是德、智、体、美、劳。将这五育贯穿在教与学的每个过程中，在每个项目中学习新知识进行智育培养的同时，进行其他四育培养。每个项目安排的讨论和展示环节，引导读者团结协作、认真做事、遵守规章，这是教学过程中的德育培养。提高读者语文的写作和表达能力，要求编程界面美观，书写工整，这是美育培养。加大任务量并要求快速完成，做事吃苦耐劳，这是在实践中同时进行的劳育与体育培养。

本丛书特别注重思维能力的培养，知识的扩展和知识图谱的建立。为打破学科之间的界限，本丛书力图进行学科融合，在每个项目中全面介绍项目相关的知识，丰富学生的知识广度，加深读者的知识深度，训练读者的多向思维，从而形成解决问题的多种思路、多种方法、多种技能，培养读者的综合能力。

本丛书将学科方法、思想、哲学贯穿到教与学的每个环节中。在编写时将学科思想、学科方法、学科哲学在各项目中体现。每个学科要掌握的方法和思想很多，具体问题要具体分析。例如编写程序，编写时选用面向过程还是面向对象的方法编写程序，就是编程思想；程序编写完成后，编译程序、运行程序、观察结果、调试程序，这些是方法；指令是怎么发明的，指令在计算机中是怎么运行的，指令如何执行……这些问题里蕴含了哲学思想。以上内容在书中都有涉及。

本丛书特别注重读者工程方法的学习，工程方法一般包括 6 个基本步骤，分别是想法、概念、计划、设计、开发和发布。在每个项目中，对这 6 个步骤有些删减，可按照想法（做个什么项目）、计划（怎么做）、开发（实际操作）、展示（发布）这 4 步进行编写，让学生知道这些方法，从而培养做事的基本方法，养成严谨、科学、符合逻辑的思维方法。

教育是一个系统工程，包括社会、学校、家庭各方面。教学过程建议培训家长，指导家庭购买计算机，安装好学习软件，在家中进一步学习。对于优秀学生，建议继续进入专业培训班或机构加强学习，为参加信息奥赛及各种竞赛奠定基础。这样，社会、学校、家庭就组成了一个完整的编程教育体系，读者在家庭自由创新学习，在学校接受正规的编程教育，在专业培训班或机构进行系统的专业训练，环环相扣，循序渐进，为国家培养更多优秀人才。国家正在推动“人工智能”“编程”“劳动”“科普”“科创”等课程逐步走进校园，本丛书编委会正是抓住这一契机，全力推进这些课程进校园，为建设国家完善的教育生态系统而努力。

本丛书特别为人工智能编程走进学校、走进家庭而写，为系统化、专业化培养人工智能人才而作，旨在从小唤醒读者的意识、激活编程兴趣，为读者打开窥探未来技术的大门。本丛书适用于父母对幼儿进行编程启蒙教育，可作为中小学生“人工智能”编程教材、培训机构教材，也可作为社会人员编程培训的教材，还适合对图形化编程有兴趣的自学人员使用。读者可以改变现有游戏规则，按自己的兴趣编写游戏，变被动游戏为主动游戏，趣味性较高。

“编程”课程走进中小学课堂是一次新的尝试，尽管进行了多年的教学实践和多次教材研讨，但限于编者水平，书中不足之处在所难免，敬请读者批评指正。

丛书顾问委员会

2024 年 5 月

中小学编程教育是通过无代码编程启蒙，现阶段无代码编程也就是图形化编程，目前图形化编程有两种：一种是平面图形化编程或叫2D图形化编程，国产软件是Mind+图形化编程软件；另一种是3D图形化编程，使用的是深圳市帕拉卡科技有限公司开发的Paracraft（帕拉卡）3D图形化编程软件。

本书使用帕拉卡3D图形化编程软件，采用拖动积木的方式编程，以培养兴趣、锻炼思维为主。3D编程能更加有效地提高学习者的立体思维能力。拥有国产自研的基于NPL语言开发的帕拉卡3D创作工具，包含3D建模、3D动画、3D编程、物联网实验室、CAD三维设计、机器人仿真设计、AI实验室、智能模组八大功能，为STEAM教学提供了绝佳的创作平台，让人工智能与编程学习更丰富、有趣。

本书采用项目式体例编写，内容上尽量做到丰富和有趣，以方便读者根据自己的需要和兴趣进行选择。上册主要是入门进阶，主要学习基础、简单的操作，成品也较为简单。每个项目一个主题，包含多个任务，这些任务在难度上是递进的，也是相对独立的，每个任务的完成都是该项目学习过程的一个小阶段。将3D编程的所有知识科学分解到每个项目中，每个项目训练一个新的知识点。彩色插图可扫描相应二维码获取。

对中小学生而言，编程教育不仅是学习编程知识和技能，还是提升综合素质的重要载体。因此，本书在每个项目中都安排了拓展阅读，内容上与该项目相关，并重视与其他学科的关联，引发读者的回忆和思考，从而激发更多探索的好奇心。

本书每个项目的最后安排了总结与评价，并当作任务来完成。编者认为，合作与交流是非常重要的学习过程和方法，在集体总结和评价的过程中，锻炼做人做事的能力，培养合作意识和团队精神，同时提高语文水平，与语文学科深度融合。

本书由麻城市博达学校易强、麻城市教育局电化教育馆秦晓霞、麻城市第二实验小学陈畅任主编；由麻城市博达学校王志成、肖杨、李煜，无锡科技职业学院龚运新任副主编。

受专业水平所限，加之时间仓促，不足之处请读者给予指正，我们将不胜感激。

需要书中配套材料包的读者可发送邮件至 33597123@qq.com 咨询。

编　者

2024 年 6 月

目
录

项目1 初识 Paracraft

Paracraft（帕拉卡）是国内首款 3D 动画编程创作工具，由 NPL 语言开发完成，是国内首个真正使用本土原创编程语言研发的国产编程学习创作软件。比起软件本身，更为重要的是，它提供独特的设计方法和过程，可以培养一种独一无二的设计思维。

作为初学者学习和使用的 3D 软件，Paracraft 把学习变成一种身临其境的体验，可以激发读者学习的兴趣，使他们掌握 3D 动画编程创作技能，在平台上构建出自己的个性化虚拟世界，赋予他们探索、创作属于自己的“元宇宙”的能力，把虚拟世界与真实世界融合在一起。

任务 1.1　认识 Paracraft

Paracraft 是三维动画应用软件，集粒子（方块）建模、3D 电影动画创作、3D 图形化编程和代码编程、CAD 编程（三维设计）、3D 打印、机器人仿真设计六大功能于一体，功能强大。可以说，这是一个学习和实践人工智能的舞台，让每个人都可以用计算机随心所欲地去创造。

1. 安装软件

针对不同的学习群体，Paracraft 有 3 种不同的客户端，分别是 Paracraft 3D 编程（共享社区）、帕拉卡智慧教育（学校和结构）、帕帕奇遇记（个人在线）。本书使用的是帕拉卡智慧教育，用于学校开展帕拉卡 3D 动画编程课和比赛。

（1）安装帕拉卡智慧教育。

通过官网下载“帕拉卡智慧教育客户端”，安装到计算机，通过客户端登录账号。也可以单击网址 https://edu.palaka.cn，直接进入账号登录界面，如图 1-1 所示。

账号登录　手机登录
请输入登录账号
请输入登录密码
我已阅读并同意《帕拉卡教育平台服务协议》
登 录
还没账号？去注册
其他登录方式
班级码登录

图 1-1　账号登录界面

在登录界面输入学校申请到的登录账号和密码，就可以进入软件。具体登录方式遵循学校的计划和安排。

（2）安装“帕帕奇遇记”。

“帕帕奇遇记”适合个人在线学习使用，通过网站下载安装到个人计算机。双击图标进入登录界面，按窗口指引简单注册后就可以使用了。

2. Paracraft 能做什么

在 Paracraft 中，可以使用 3D 方块创建各种三维模型，如编写代码、控制动画，创建 3D 场景和人物，制作骨骼动画和电影等，如图 1-2~ 图 1-4 所示。

图 1-2　编写代码，控制动画

图 1-3　创建 3D 场景和人物

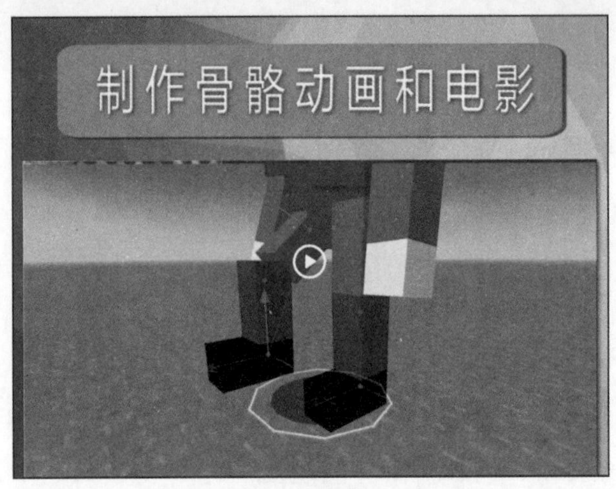

图 1-4　制作骨骼动画和电影

3. 了解编程界面

登录软件之后不会直接进入编程界面，而是选择作品或者新建作品，并设置新作品的基本参数。

（1）首界面。

登录之后就可以进入帕拉卡首界面，如果不是首次登录，此时窗口将显示以往作品。这时候，可以选择以前的作品再次编辑，也可以单击界面下方的“新建作品”按钮创建一个新作品，如图 1-5 所示。

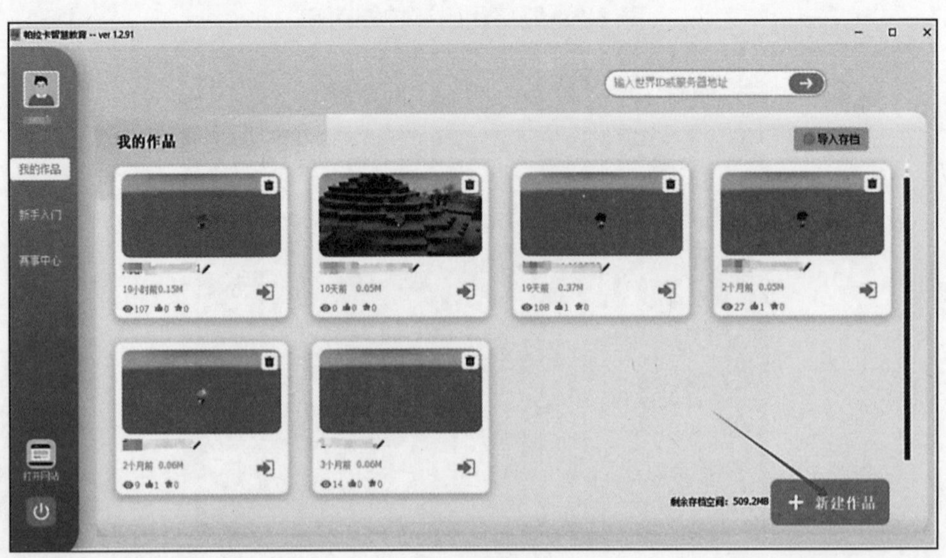

图 1-5　新建作品

（2）作品参数设置。

单击“新建作品”按钮，进入作品基本参数设置界面，如图 1-6 所示。为新作品设置基本参数，包括“世界名称”“世界规模”“世界地形”。

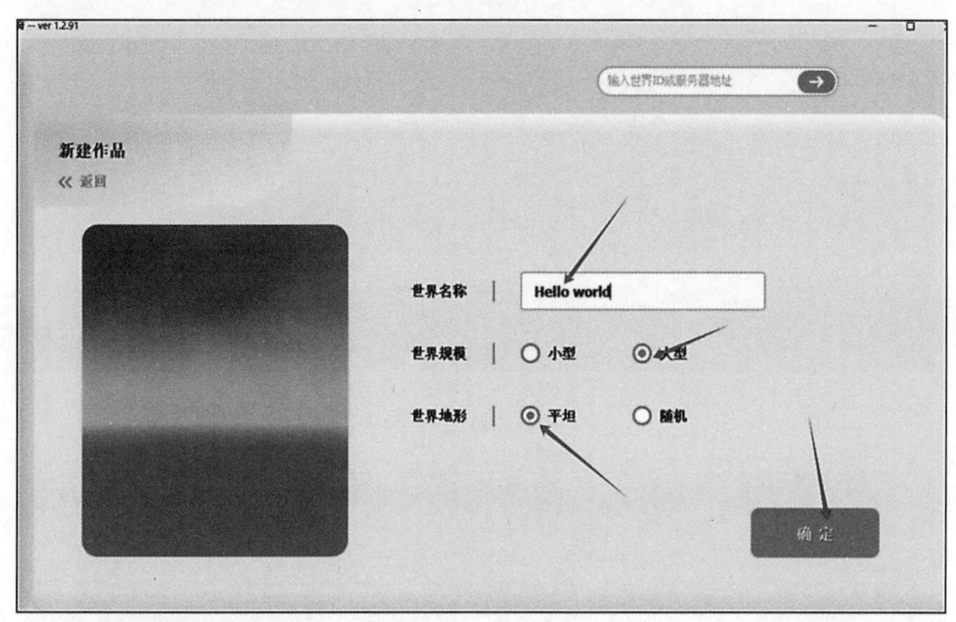

图 1-6　设置参数

“世界名称”栏用于为新作品命名，可以输入中文、英文或者数字，如图 1-6 所示，如 Hello world。

“世界规模”栏用于选择作品场地大小，有“小型”和“大型”两个选项。单击选项前面的圆圈即可选中，或取消选中。

“世界地形”栏用于选择作品场地的地形，“平坦”是一片平整的绿草地，“随机”有山地、海洋和雪地等不同地形，而空就是没有任何地形，进入后人物角色将浮在空中。本次选择“平坦”地形，如图 1-6 所示。

（3）编程界面。

完成以上设置，单击“确认”按钮，就可以进入编程界面了，如图 1-7 所示。此时画面中央的角色两手空空，表明还未选择建造的方块。

单击画面下方工具栏中的快捷键 E，在画面右侧弹出工具选择窗口和菜单栏，如图 1-8 所示。这样就可以选择方块以及制作和编辑作品了。

图 1-7　编程界面 1

图 1-8　编程界面 2

（4）工具选择弹窗。

工具选择弹窗共有两个选项卡，分别是“建造”和“环境”，如图 1-9 所示，默认显示“建造”选项卡。选择“建造”选项卡，可以看到共有 8 种类型工具可以选择，默认选择“建造”类。

帕拉卡使用方块进行建造，这些方块是各种外观不同的正方体。移动鼠标至某个方块小图标上，会显示出该图标的中英文名称和 id。单击某个图标，该图标就会出现在界面下方工具栏的小方块中，最多可添加 9 个方块。

单击已添加的方块，该方块就会出现在角色手中，表明此方块是当前正在使用的。

切换至“环境”选项卡，如图 1-10 所示，可以设置建造场地的天气、光照、光源颜色等参数。

图 1-9 “建造工具”选择

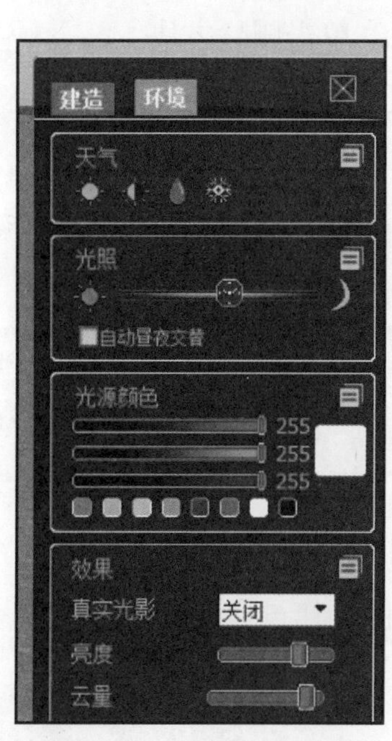

图 1-10 “环境”设置

（5）菜单栏。

菜单栏包括文件、编辑、项目、多人联网、窗口等，基本操作方法与其他软件类似。单击某个菜单就会出现相应的下拉菜单，选择需要的功能。有些功能通过快捷键也可以实现。这些快捷键不必强记，在以后的学习中会多次用到，可以在使用中记住。

4. 使用软件

接下来，可以尝试进行一些基本操作，学习方块以及常用快捷键的用法，熟悉这些操作方法有助于更好地进行创作。

（1）基本操作。

下面是软件的基本操作，掌握这些操作就可以制作简单的作品了。按照描述，逐一尝试下面列出的操作方法。

① 左手按 W、A、S、D 键控制角色移动。这 4 个按键分别控制 4 个不同的方向，可以看到角色在场地上跑动。

② 右击鼠标并拖动可以旋转视角。通过旋转视角可以看到方块的其他面，便于创作。

③ 单击删除方块。

④ 右击在创建区放置方块。

（2）创建与删除方块。

在现有方块的基础上创建新的方块，一些不需要的方块可以删除，创建新的方块。操作方法如下。

① 移动鼠标至方块上，单击即可删除该方块。

② 一个方块有 6 个面，右击可以创建同样的方块。

③ 按住 Alt 键并单击，可以拾取场景中的方块，替换界面下方的方块栏。

除此以外还有一些快捷键，如图 1-11 所示。创作时经常使用这些快捷键，可以使创作过程更加得心应手。

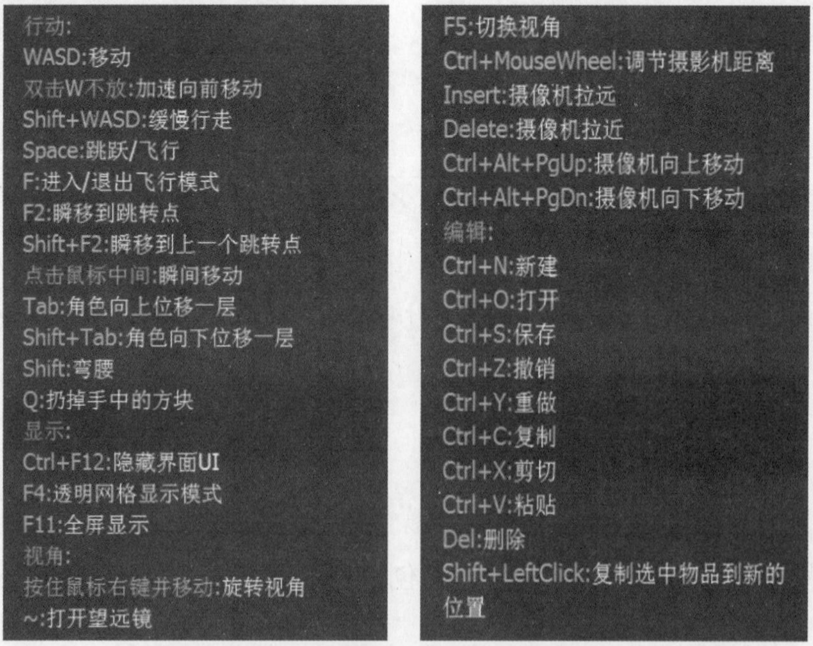

行动:
WASD:移动
双击W不放:加速向前移动
Shift+WASD:缓慢行走
Space:跳跃/飞行
F:进入/退出飞行模式
F2:瞬移到跳转点
Shift+F2:瞬移到上一个跳转点
点击鼠标中间:瞬间移动
Tab:角色向上位移一层
Shift+Tab:角色向下位移一层
Shift:弯腰
Q:扔掉手中的方块
显示:
Ctrl+F12:隐藏界面UI
F4:透明网格显示模式
F11:全屏显示
视角:
按住鼠标右键并移动:旋转视角
~:打开望远镜

F5:切换视角
Ctrl+MouseWheel:调节摄影机距离
Insert:摄像机拉远
Delete:摄像机拉近
Ctrl+Alt+PgUp:摄像机向上移动
Ctrl+Alt+PgDn:摄像机向下移动
编辑:
Ctrl+N:新建
Ctrl+O:打开
Ctrl+S:保存
Ctrl+Z:撤销
Ctrl+Y:重做
Ctrl+C:复制
Ctrl+X:剪切
Ctrl+V:粘贴
Del:删除
Shift+LeftClick:复制选中物品到新的位置

图 1-11 “创造模式”的快捷键

建造:
右击鼠标:建造方块/触发机关
单击鼠标:删除普通方块，长按删除交互方块
Shift+RightClick:快速创建3个方块，在2个相同方块之间建立线（相隔不能大于19格）
Shift+LeftClick:删除光标周围3x3x3的方块
Alt+LeftClick:吸取场景中的方块替换手中方块
Alt+RightClick:用手中方块替换场景中的方块
Alt+Shift+RightClick:用手中方块替换场景中30格以内连续的同一方块
Ctrl+LeftClick:进入物品高级属性界面；按住Ctrl键继续单击可选中一片区域的物品
Ctrl+Shift+LeftClick:选择所有与当前方块相连的方块

Ctrl+Shift+LeftClick:选择所有与当前方块相连的方块
Ctrl+D:返回上一次选区
窗口:
Enter:打开聊天框
E:打开物品栏
B:打开背包
/:输入命令行
Esc:系统设置/退出
F3:系统信息
F9:录制动画界面
F1:内置教程
其他:
1~9:切换快捷物品栏
滚动鼠标滚轮:切换快捷物品栏
左键点击快捷物品栏:切换手中物品
右键点击快捷物品栏:拖曳物品
Ctrl+T:复制光标坐标信息
Ctrl+R:复制光标离人物距离坐标
F10:截图

图 1-11 （续）

任务 1.2　第一个 3D 作品

一张简单的长方形桌子包括 4 条同样的桌腿和 1 张桌面，本任务通过制作这样一个桌子，熟悉软件的基本操作，学习一些常用的快捷键。

1. 创建世界

按之前学习的方法，打开软件并登录，单击“新建作品”按钮，将作品命名为“石桌”。选择“小型”和“平坦”，设置完成后，单击“确认”按钮，就可以进入自己创建的世界了。

2. 绘制桌子

使用“石块”工具绘制整张“桌子”，首先放置 4 条“桌腿”，再将桌腿顶部连接起来形成一个桌面。

使用按键 E，或者单击画面下方的图标 E 都可以弹出工具窗口。如图 1-8

所示，在“建造”选项卡下，单击“石块”方块，即可添加到角色手中。

此时，可以发现角色手中拿着刚才选中的方块等待创建。在场地上右击即可放置一块“石块”。将鼠标移至已放置的“石块”上方，继续放置 2 块，共放置 3 块“石块”，这样一条“桌腿”就完成了，如图 1-12 所示。

图 1-12　一条“桌腿”

按照同样的方法，绘制其他 3 条桌腿。放置桌腿时注意坐标位置，可参照地面草皮的刻度线放置，如图 1-13 所示。

图 1-13　创建 4 条“桌腿”

使用快捷键 Shift+ 鼠标右键将两条桌腿连接起来。移动鼠标至“桌腿”最上面的石块，需要向哪个方向连接，光标就指向哪个面。如果当前视角看不到某个面，可以通过旋转视角来操作。连接“桌腿”如图 1-14 所示。

按照同样的方法依次连接其他“桌腿”，最终在顶部形成一个平面，一张简单的“石桌”就创建完成了，如图 1-15 所示。

图 1-14　连接“桌腿”

图 1-15　完成“石桌”创建

这样，就完成了自己的第一个 3D 作品。

作品完成之后，还可以使用其他方块对其进行适当美化，让自己的作品更美观或者更符合实际，如为“石桌”配上“石凳”，在周边添加花草树木等装饰。

3. 保存和分享

完成一个作品可以进行保存和分享。保存是将作品保存到本地计算机中，分享则是将作品保存到云端，让更多人可以查看。

按 Ctrl+S 组合键，在屏幕上会看到“本地保存成功 [版本：X]”的提醒，说明已经将“世界”保存成功了，如图 1-16 所示。在进行创作的过程中，一定要养成经常保存场景的习惯，以防突然停电或死机，导致场景丢失。

已经保存好的场景还可以上传到云服务器，按下键盘左上角的 Esc 键，会弹出一个窗口，选择“保存世界”→“保存”命令，如图 1-17 所示。

图 1-16　保存至本地

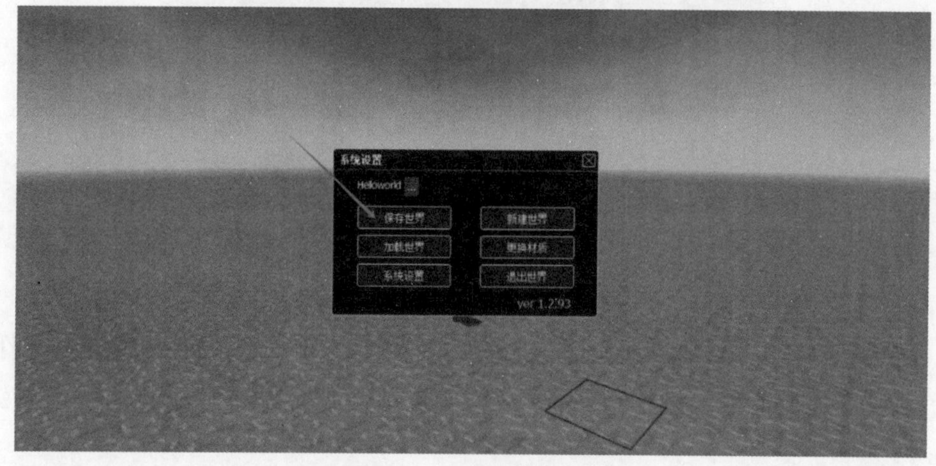

图 1-17　上传到云服务器

4. 参观 Paracraft 社区

Paracraft 的官网提供了许多优秀的作品，大家可以一起来欣赏。打开 Paracraft 官网 http://www.paracraft.cn,选择“在线学习”→“学生获奖作品”，如图 1-18 所示。

了解了 Paracraft 的特点，欣赏了 Paracraft 优秀的作品后，你是不是也跃跃欲试，想创作自己的作品呢？可以画出自己设想世界的内容，也可以用文字描述。快来一起分享自己独特的创意吧！

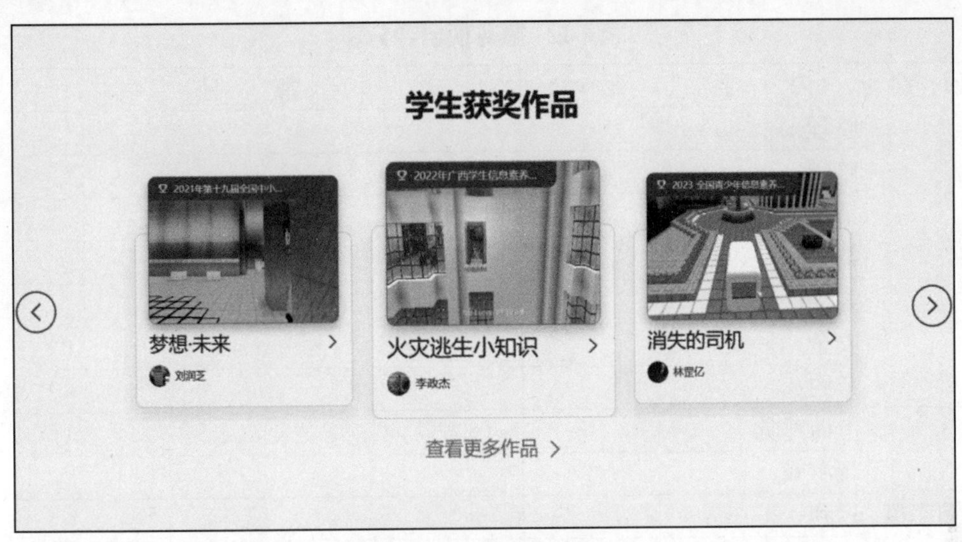

图 1-18　查看获奖作品

任务 1.3　总结与评价

先分组进行总结，分别说出制作过程及体会，写出书面总结。再互相检查制作结果，集体给每位同学打分。

1. 任务完成调查

任务完成后，还要进行总结和讨论，首先在表 1-1 中进行自我评价。

表 1-1　打分表

序　　号	任务 1.1	任务 1.2	任务 1.3
完成情况			
总　　分			

2. 行为考核指标

行为考核指标，主要采用批评与自我批评、自育与互育相结合的方法。采用自我考核和小组考核后班级评定的方法。班级每周进行一次民主生活会，就行为指标进行评议，考核指标如表 1-2 所示。

表 1-2　德育项目评分表

项　别	内　　容	评　分	备　　注
7S	整理		
	整顿		
	清扫		
	清洁		
	素养		
	安全		
	节约		
学习态度	上课睡觉		
	玩游戏		
	迟到		
	早退		
	任务没完成		
团队合作	不服从分工		
	不回答他人问题		
	不帮助队友做事		
	不关心集体荣誉		
	不参与小组活动		

3. 集体讨论题

Paracraft 能做什么？有什么特点？与之前学习过的图形化编程有什么不同？

4. 思考与练习

（1）使用其他方块制作桌子并装饰和美化。

（2）尝试创作其他作品。

项目 2 小小建筑师

建筑师，是指受过专业教育或训练，以建筑设计为主要职业的人。由此可见，建筑师不仅要学习很多专业知识和技能，还需要具备较全面的设计能力。建筑师可以设计出各种各样的房子，如大厦、图书馆、电视塔等。

本项目通过设计一座简单的小房子，了解设计房子的基本步骤，学习使用 Paracraft 中的拉伸、替换操作，巩固之前学习的基本操作。

任务 2.1 制 作 房 子

房子有大有小，有高有矮，外观千差万别，但是基本结构都有地基、围墙、门窗和房顶。建造一座小房子时，首先要做好设计，需要一间什么样的房子。这里可以用到思维导图，根据导图一步步来做，制作时会用到 Shift、Ctrl 等快捷键。

1. 制作思路

在制作之前，先要进行整体规划，思考一座小房子由哪些基本部分组成，每个部分要如何建造。思维导图如图 2-1 所示，图中列出了房子建造思路，首先挖出地基，确定房子占地面积，接着构建墙面结构，其次是设计窗户，最后搭建屋顶。下面按照这个思路来搭建一个漂亮房子。

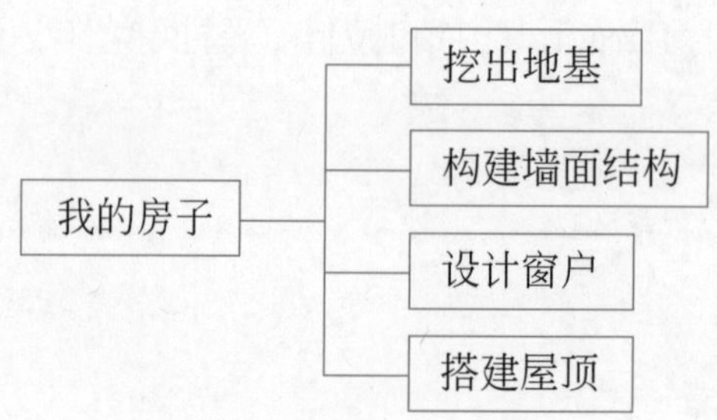

图 2-1 制作房子思维导图

2. 开始制作房子

登录 Paracraft，新建作品，命名为“房子”，规模选择“小型”，地形为“平坦”。根据思维导图，结合之前学习的方法，开始制作作品。制作时可以正确使用旋转视角和角色移动快捷键帮助创作。

（1）挖地基。

在空地上使用鼠标左键挖出地基，长和宽均为 12 个方块，完成后如图 2-2 所示。接着，单击菜单栏中的 E 键，在“建造”标签下选择“基岩”方块，将挖好的地基填满。

图 2-2　挖地基

首先放置一块“基岩”方块，按照之前学习的方法，使用 Shift 键 + 鼠标右键可以快速填充地基，完成后如图 2-3 所示。

图 2-3　填充地基

（2）构建墙体。

从地基开始，向上构建墙体。选择“雪块”方块，可以逐个添加方块，也可以使用快捷键，按如下步骤操作。

① 分别在要建造区域的 4 个角右击，以放置“雪块”方块。

② 按住 Shift 键，右击“雪块”的一个面，可以快速与此“雪块”对面的“雪块”连接，将 3 面墙连接好。这样就完成了墙体座下面一层，如图 2-4 所示。

③ 选择墙体。按住 Ctrl 键，依次单击图 2-4 中 4 个角位置的“雪块”，所有的“雪块”都会被选中，此时会出现坐标系。

图 2-4　墙体底部

④ 向上拉伸墙体。选择蓝色的“Y 坐标”向上移动到合适位置，高度可参照坐标上的小黑点，如图 2-5 所示。在弹出的“属性”窗口里选择“拉伸”，单击“确定”按钮。

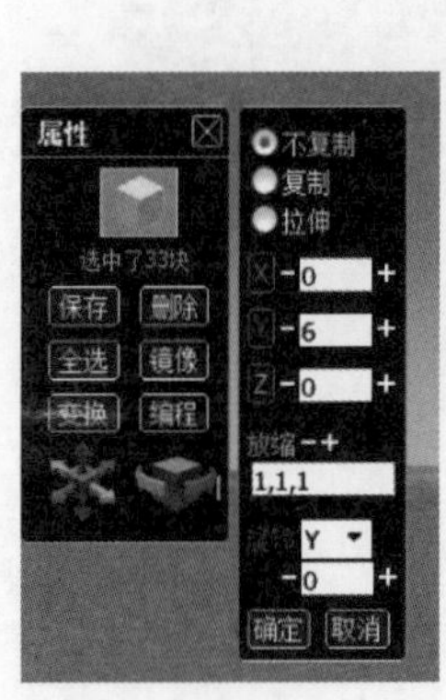

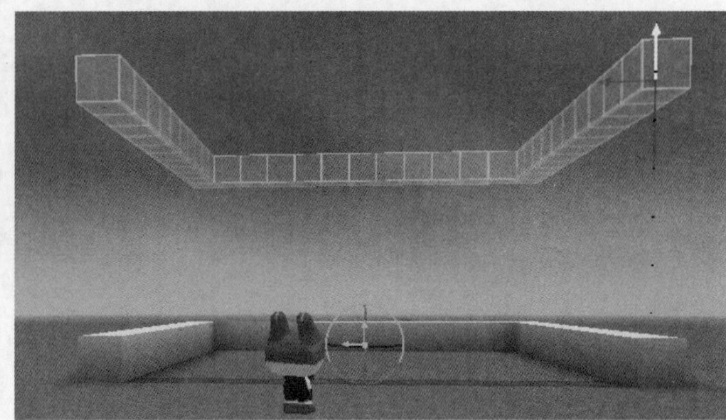

图 2-5　向上拉伸

⑤ 在空白处单击，3 面墙就搭建好了，如图 2-6 所示。

（3）设计窗户。

① 选择菜单栏中 E 键，在装饰子标签下选择“玻璃板”，按住 Alt 键，右击需要安装窗户的方块，将“雪块”替换为“玻璃板”。

② 连续替换 4 个，一个窗户就搭建好了，分别在 3 面墙上替换，所有的窗户就搭建好了，如图 2-7 所示。

图 2-6　完成墙体

图 2-7　搭建窗户

（4）搭建屋顶。

按住 Shift 键，右击左边最上方第一块“雪块”朝右的一面，可以快速与右边的第一块“雪块”连接。按住 Shift 键，连续单击左边后面一排“雪块”，可以迅速与右边对应的“雪块”连接，这样屋顶就搭建好了，如图 2-8 所示。

图 2-8 搭建屋顶

制作完成后，可以旋转视角和让角色移动，观察作品是否有错误或遗漏。确认完成后保存作品即可。

任务 2.2 项 目 拓 展

任务 2.1 中使用了 Shift 和 Ctrl 快捷键，关于这两个快捷键的作用详细描述如下。

（1）Shift 键是键盘中一个上档转换键，也可用于中英文转换，主键盘区左、右各有 1 个 Shift 键。Shift 键具有输入法切换、快速切换半角和全角、选择连续文件等功能。

（2）在 Paracraft 中，当需要批量建造或删除时，可以先长按 Shift 键，再单击或者右击进行操作。

（3）Ctrl 键是键盘一个常用的键，全名为 control，中文的意思为“控制”，用途广泛，也被称为“控制键”。

（4）在 Paracraft 中，当需要对一个方块进行操作时，需要先按住 Ctrl 键，然后单击方块，在弹出的“属性”窗口中选择需要的操作。

任务 2.3　扩展阅读：徽派建筑

徽派建筑又称为徽州建筑，流行于徽州，今黄山市、绩溪县（今属安徽宣城市）、婺源县（今属江西上饶市）及浙江省严州、金华（古称婺州）、衢州等浙西地区。徽派建筑作为徽文化的重要组成部分，历来为中外建筑大师所推崇，并非特指安徽建筑。

徽派建筑以砖、木、石为原料，以木构架为主，梁架多用料硕大，且注重装饰，还广泛采用砖、木、石雕，表现出高超的装饰艺术水平。徽派建筑最初源于古徽州，是江南建筑的典型代表。历史上徽商在扬州、苏州等地经营，徽派建筑对当地建筑风格产生了相当大的影响。徽派建筑坐北朝南，注重内采光；以砖、木、石为原料，以木构架为主；以木梁承重，以砖、石、土砌护墙；以堂屋为中心，以雕梁画栋和装饰屋顶、檐口见长，如图 2-9 所示。

图 2-9　徽派建筑

徽商力在经商而不在建筑，衣锦还乡之后，以奢华精致的豪宅园林体现身份，或整修祠堂光大祖宗门面，或以牌坊筑立褒奖徽州女人守夫的风骨。徽派建筑讲究规格礼数，官商亦有别。除去富丽堂皇的徽商巨贾之家外，小户人家的民居亦不乏雅致与讲究。徽派建筑集徽州山川风景之灵气，融中国风俗文化之精华，风格独特，结构严谨，雕镂精湛，不论是村镇规划构思，还是平面及空间处理、建筑雕刻艺术的综合运用，都充分体现了鲜明的地方特色。尤以民居、祠堂和牌坊最为典型，被誉为徽州古建三绝，为中外建筑界所重视和叹服。

任务 2.4　总结与评价

先分组进行总结，分别说出制作过程及体会，写出书面总结。再互相检查制作结果，集体给每一位同学打分。

1. 任务完成调查

任务完成后，还要进行总结和讨论，教学时印有表 1-1 所示打分表，可进行自我评价。

2. 行为考核指标

行为考核指标，主要采用批评与自我批评、自育与互育相结合的方法。采用自我考核和小组考核后班级评定的方法。班级每周进行一次民主生活会，就行为指标进行评议，教学时印有表 1-2 所示评分表，可进行自我评价。

3. 集体讨论题

本次项目使用了哪些快捷键？分别叫什么？各有什么作用？

4. 思考与练习

（1）完成最后一面墙体，并在此墙面上安装一扇大门。

（2）设计其他样式的房子，与同学交流、分享。

项目3 电影方块

在 Paracraft 里想要制作动画短片，就需要学会使用电影方块。在 Paracraft 中，有一些方块属于功能特殊的方块，电影方块就是其中的一种具有特殊功能的容器方块，它不仅是一个方块，其中还包含了摄影机、演员、字幕、图层、音乐等功能。

任务 3.1　使用演员角色

电影方块包含很多功能，本任务学习如何添加演员角色，如何改变演员大小，如何通过拖动演员角色改变其位置等操作。

1. 添加电影方块

按之前学习的方法登录 Paracraft 并创建新的作品，作品名称自定。

进入编辑画面，按键盘 E 键打开工具栏，然后在“建造”选项卡里选择“电影”→“电影方块（id:228）”，如图 3-1 所示。

图 3-1　选择电影方块

右击，将一个电影方块放置到世界合适的位置，如图 3-2 所示。

2. 添加演员

放置电影方块后右击画面右下角将出现“电影片段”弹窗，如图 3-3 所示。单击其中的 + 会弹出“人物属性”对话框。通过“人物属性”对话框可以设置演员角色的名称、模型等参数，如图 3-4 所示。使用默认名称 actor3，

图 3-2　放置电影方块

图 3-3　添加演员

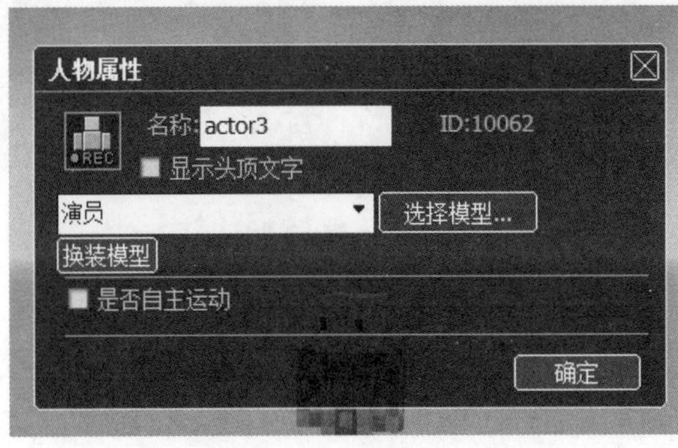

图 3-4　“人物属性”对话框

单击“选择模型”按钮从弹窗中选择一个模型，可以看到供选择的模型有很多类别，在“人类”类别中选择 boy02 作为演员，如图 3-5 所示。单击“确定”按钮完成演员角色的添加，如图 3-6 所示。

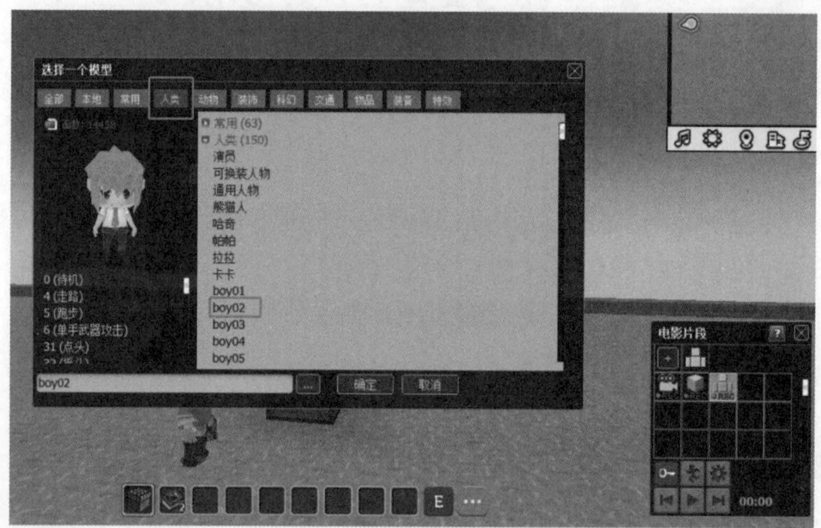

图 3-5　选择演员

图 3-6　演员添加成功

3. 改变演员大小

调整演员的大小，以适合场景的大小，下面介绍如何设置演员的大小。

（1）在右下角的“电影片段”窗口，右击“主角”将其选中，如图 3-7 所示。

图 3-7　选中演员

（2）单击左下角“动作”属性，切换到“大小”属性，也可以直接按键盘上的数字键 4 进行切换，如图 3-8 所示。

图 3-8　切换属性

（3）切换到“大小”属性后，此时“主角”周围会出现红色、蓝色、绿色 3 个箭头，按住鼠标左键，拖动其中任意一个箭头，如图 3-9 所示，即可改变主角大小，如图 3-10 所示。

图 3-9　拖动箭头

图 3-10　改变主角大小

4. 改变主角位置

下面介绍“主角”从电影方块上下来的方法。

（1）单击左下角“大小”属性，切换到“位置”属性，也可以直接按键盘上的数字键 2 进行切换，如图 3-11 所示。

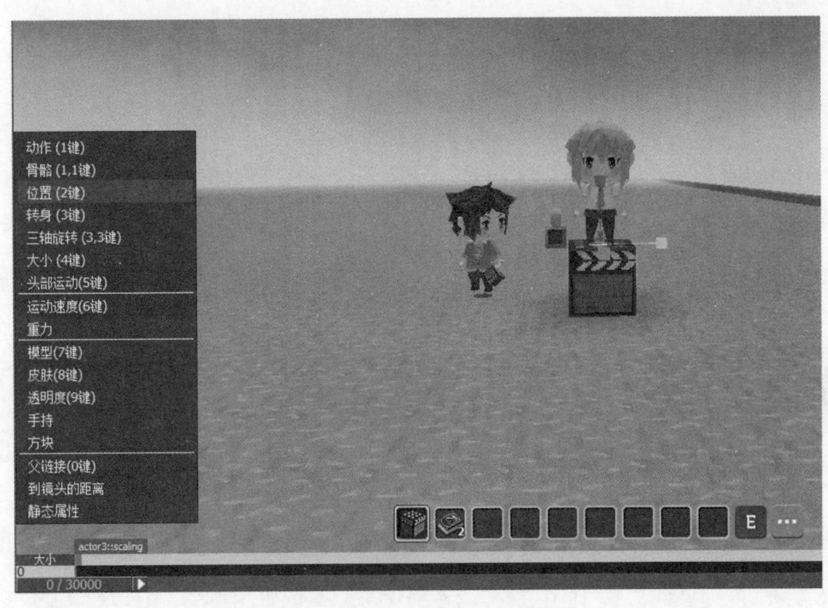

图 3-11　改变主角位置

（2）切换到“位置”属性后，此时“主角”周围会出现红色、蓝色、绿色 3 个箭头，拖动红色的箭头，可以让“主角”前后移动；拖动绿色的箭头，可以让“主角”左右移动；拖动蓝色箭头，可以让“主角”上下移动，如图 3-12

图 3-12　主角移动到地面

所示。先拖动绿色的箭头，让“主角”往右移动，然后拖动蓝色箭头，让“主角”往下移动，“主角”就站在地面上了。

任务 3.2　扩展阅读：电影知识

电影是一种综合性的艺术形式，它通过连续的动态画面和声音来讲述故事、表达思想、传递情感。这些画面通常伴随着声音，很少有其他感官刺激。“电影”一词是电影摄影的缩写，通常用于指代电影制作和电影业，以及由此产生的艺术形式。

1. 电影分类

电影可以分成科幻电影、奇幻电影、动作电影、动画电影、恐怖电影、悬疑电影、冒险电影、传记电影、喜剧电影、犯罪电影、记录电影、戏剧电影、家庭电影、黑色电影、历史电影、音乐电影、歌舞电影、爱情电影、短电影、体育电影、惊悚电影、战争电影、西部电影等。

2. 现代电影

电影从无声发展到有声，从黑白发展到彩色，走过了漫长的发展阶段，现在还在进一步发展，下面介绍几种现代电影形式。

1）超大银幕

采用 70 毫米的电影放映技术，因其银幕巨大而称“超大”。其银幕高度为 21 米，宽度为 30 米，相当于七层楼的高度。它具有画面稳定、清晰、色彩还原正常等特点，银幕上景物真实而恢宏的场面，给人以美的欣赏与动的感受。

2）动感球幕

影厅采用 70 毫米放映设备，半球形银幕直径达 18 米，观众观看电影时，整个画面布满球体，而不是银幕边缘，透射型的金属银幕，六声道的立体声效果，使观众享受变化万千、栩栩如生的万千气象。影厅内的动感平台，是集液压、电器自动化控制、计算机动画为一体的高科技系统工程。当你坐在平台载体上，整个载体能上下升降，左右倾斜，前后俯仰，既可模拟航天器去遨游太空，也可模拟潜水器饱览海底世界的奇特景象，随着逼真的画面和平台载体的活动，让人不由自主进入角色，造成十分真实和惊险刺激的特殊感受，动感球幕电影填补了国内空白。

3）水幕

与常规电影完全不同。它是利用高压水泵通过特制的喷头，将水自下而上喷出，使水雾化并形成扇面形银幕。此银幕与自然界的夜空连成一片，人物出入画面，忽而腾起飞向天空，忽而又从天而降，产生一种虚幻缥缈的感觉，似海市蜃楼。水幕电影在我国很少见。

4）环幕

环幕电影也称为 360° 圆周电影，厅内呈圆形，周边是由 9 块银幕组成的一个环形银幕，由 9 台放映机同时放映，观众观摩时，站在圆周中心位置，前瞻后瞩，左顾右盼，目不暇接，画面景象壮观，气势磅礴，加上多声道立体声效果，一种身临其境的强烈感觉会呈现于观众的面前。

5）3D

3D 电影是利用光学原理与人眼的视差相配合产生的一种奇特的空间影像和立体效果。戴上特制的偏光眼镜后，就会感到银幕上的一切景物和大自然一样，存在着远近前后不同距离，有的景物近在眼前，似乎唾手可得，当某一物体朝你快速推进时，你会感到物体猛地向头部袭来，使你大吃一惊。

6）P2P

随着互联网的发展，P2P 作为一种新兴的网络电影播放形式，以其速度快、缓冲少、人越多越不卡的优点成为广大网友所喜欢的一种电影播放形式，网络中的电影播放形式又叫作在线电影，让你足不出户就可以在网络的海洋里观看想看的电影。

7）角色电影

如今还未推出，但是随着其发展，将很快进入日常生活。其实，角色电影就是以第一人称的视角拍出来的电影，现在所玩的游戏就可以算作角色电影。

8）定格

电影镜头运用的技巧手法之一。其表现为银幕上映出的活动影像骤然停止而成为静止画面（呆照）。定格是动作的刹那间“凝结”，显示宛若雕塑的静态美，用以突出或渲染某一场面、某种神态、某个细节等。具体制作方法是，选取所摄镜头中的某一格画面，通过印片机重复印片，使这一停止画面延伸到所需长度。根据镜头剪辑的需要，定格处理可由动（活动画面）到静（定格画面），也可由静（定格画面）到动（活动画面）；也有的在影片结尾时，用定格表明故事结束，或借此点题，以便给观众留有回味。定格是指将上一段的结尾画面动作做静帧处理，使人产生瞬间的视觉停顿，接着出现下一段的第一个画面。

9）4D

4D 电影是将震动、吹风、喷水、烟雾、气泡、气味、布景、人物表演等特技效果引入 3D（即立体电影）影片中，形成一种独特的表演形式，是当今较流行的一种电影形式。

实际上这是一个“伪概念”，1D（一维）指的是只有长或宽，2D 是指有长和宽，3D 是指有长宽高，4D 则是指带有时间维度的 3D。

任务 3.3　总结与评价

先分组进行总结，分别说出制作过程及体会，写出书面总结。再互相检查制作结果，集体给每一位同学打分。

1. 任务完成调查

任务完成后，还要进行总结和讨论，教学时印有表 1-1 所示的打分表，可进行自我评价。

2. 行为考核指标

行为考核指标，主要采用批评与自我批评、自育与互育相结合的方法。

采用自我考核和小组考核后班级评定的方法。班级每周进行一次民主生活会，就行为指标进行评议，教学时印有表 1-2 所示的评价表，可进行自我评价。

3. 集体讨论题

上网搜索 Paracraft 中各模型的基本功能，并进行思维导图式讨论。

4. 思考与练习

（1）自己掌握电影方块的基本使用方法，研究其规律。

（2）小测试：

当我们需要移动演员的时候，需要调整其（　　）属性。

A. 模型　　B. 位置　　C. 动作　　D. 转身

答案解析：当我们需要移动演员时，改变的是演员当前的位置，通过拖动红、蓝、绿三色箭头进行前后、上下、左右移动。答案是 B。

项目4 彩色光源

我们生活在一个五彩缤纷的世界里，春天有绿油油的草地；夏天可以在蓝色的海边嬉戏；秋天，金黄色的小麦田里，稻草人在辛勤工作；冬天漫天飞舞着白色雪花。这些不发光的物体通过光的照射，被大家的眼睛所见。本项目学习让计算机用语言实现各种颜色的方法。

任务 4.1　制作彩色光源

项目 3 学习了如何用电影方块制作动画。本次任务学习如何用代码方块编写程序，并和电影方块结合起来，制作更多彩色光源动画。

4.1.1　认识代码方块

代码方块允许使用代码来操控角色，代码方块不仅能做动画，还能做很多小游戏。

1. 添加代码方块

在工具栏里的“建造”选项卡选择“代码”→“代码方块（id:219）”，如图 4-1 所示。右击可将一个代码方块放置到世界中，如图 4-2 所示。

图 4-1　添加代码方块

图 4-2　放置代码方块

2. 代码方块的作用

右击打开代码方块时，其旁边会出现一个代码方块和一个演员，如图 4-3

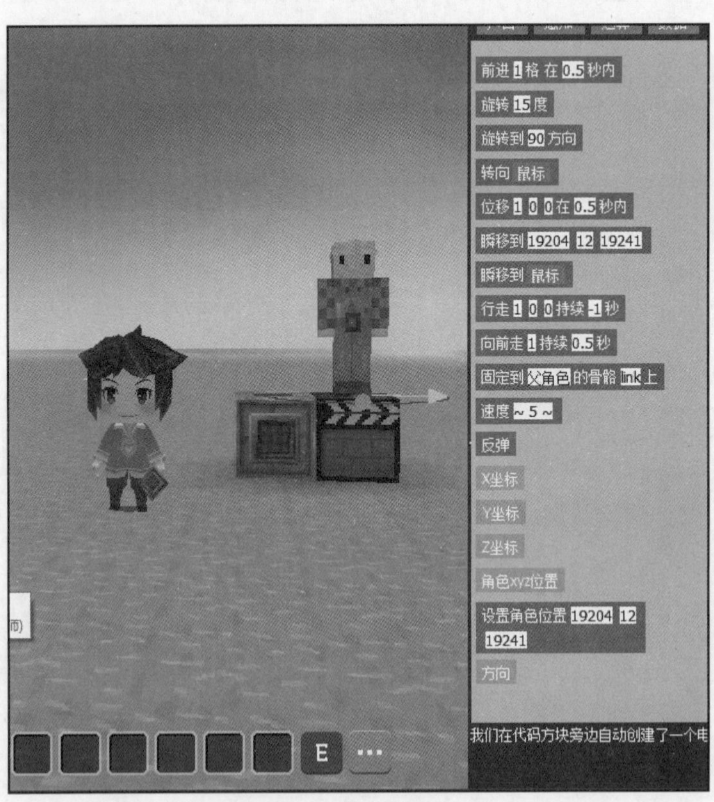

图 4-3　打开代码方块

所示。这是因为代码无法独立存在，需要和电影方块一起使用，所以这时 Paracraft 会自动创建一个代码方块和一个演员。

右击代码方块，打开编辑窗口，可以看到代码方块的编辑页面，如图 4-4 所示。

图 4-4　代码编辑页面

选择“图块”，切换到“图块”模式，长按鼠标左键进行代码的拖曳和删除，如图 4-5 所示。

3. 认识十六进制颜色码

在 Paracraft 中，使用十六进制颜色码来表示颜色，它是以 # 开头的 6 位十六进制数值。6 位数字分为 3 组，每组两位，依次表示光的三原色（红、绿、蓝）的强度。十六进制颜色代码保存 0 到 9 的数字值以及从 A 到 F 的字母值。例如，#FF0000 表示红色；#00FF00 表示绿色；#0000FF 表示蓝色。

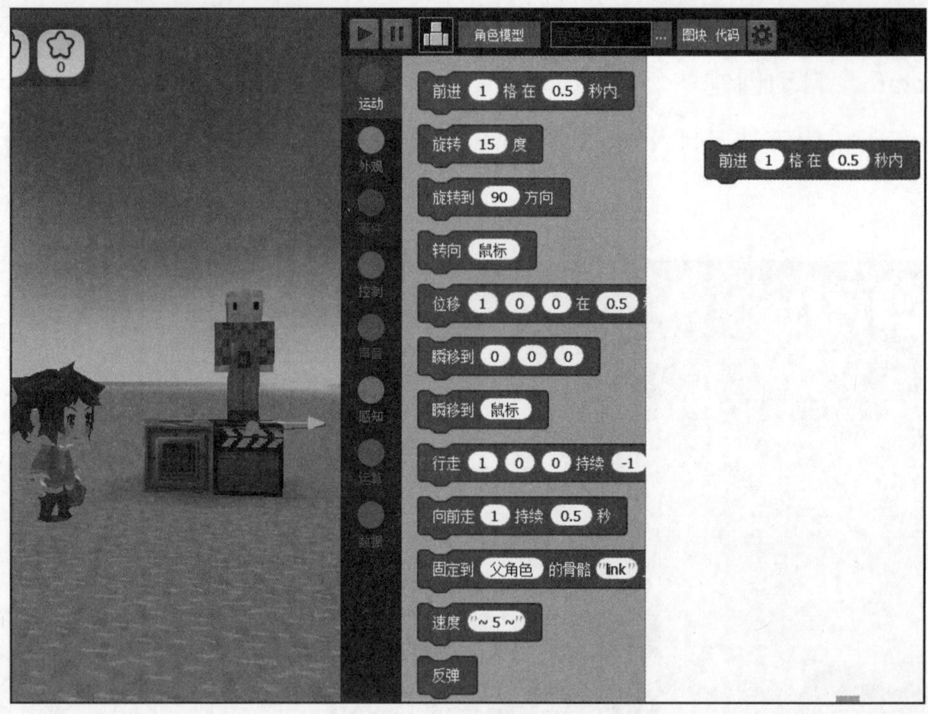

图 4-5　拖曳代码

4.1.2　使用灯方块

认识了代码方块和十六进制颜色码的表示方法，就可以使用灯方块制作彩色光源了，通过编写图形化代码发出 3 种颜色的光。

（1）在工具栏里的“建造”选项卡，单击“装饰”子选项卡，选择“南瓜灯”，如图 4-6 所示。

（2）右击可将一个“南瓜灯”放置到世界中，连续右击放置一排“南瓜灯”，如图 4-7 所示。数量可以自定义，如 8 个。

（3）右击放置代码方块，右击进入代码编辑界面，切换到“图块”编辑窗口，使用图形化编程编写代码。

（4）选择左侧的“事件”分类，选择“执行命令”指令，长按鼠标左键拖曳到编辑区，如图 4-8 所示。

（5）修改“/tip”为“设置光源颜色”，如图 4-9 所示。

图 4-6　选择灯方块

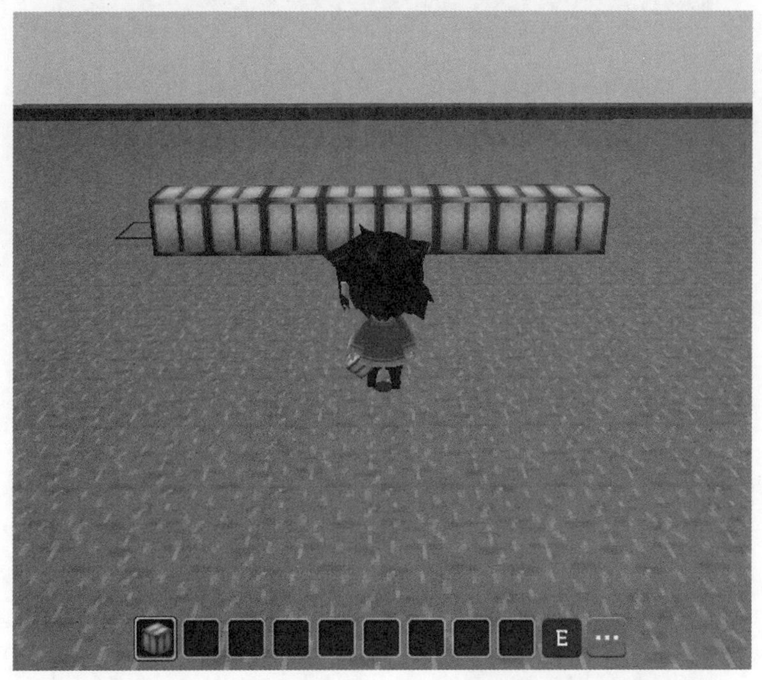

图 4-7　放置灯方块

（6）输入红色十六进制码 #ff0000，如图 4-10 所示。单击“运行”按钮，可以看到灯光变成了红色，如图 4-11 所示。

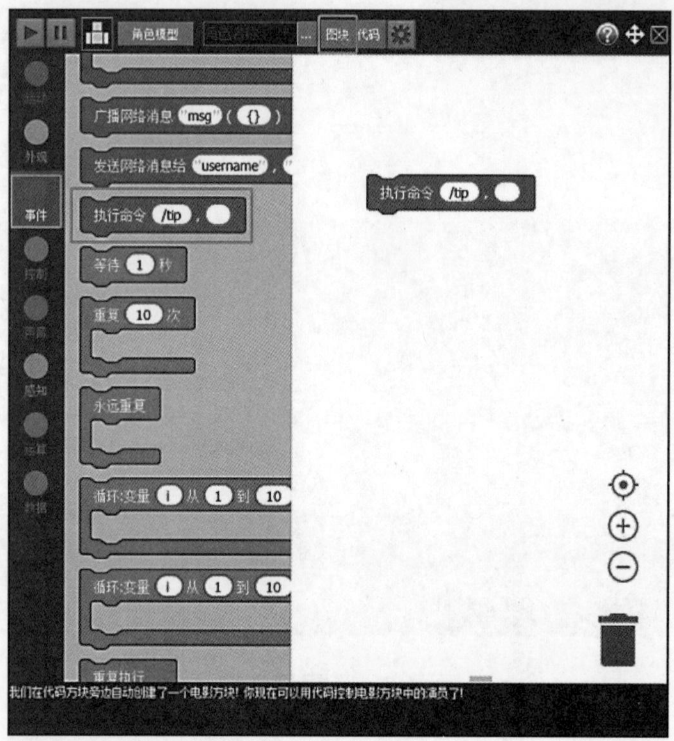

图 4-8　选择指令

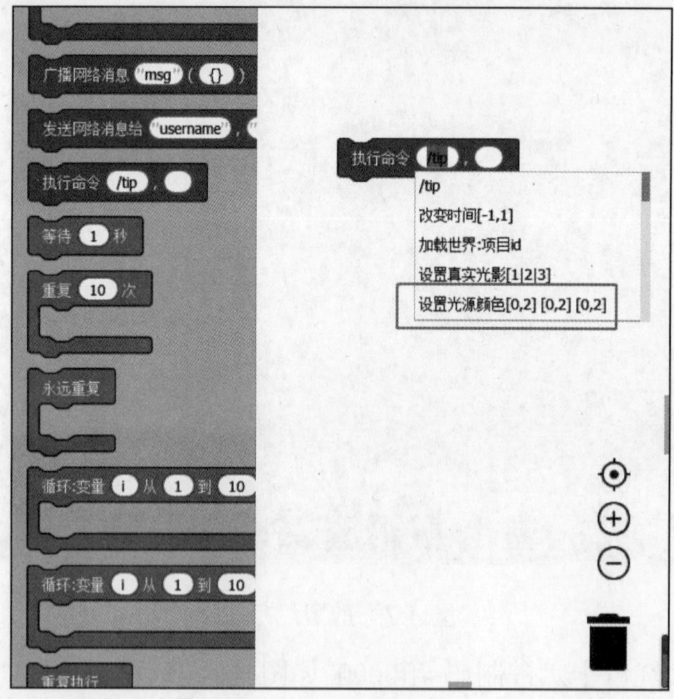

图 4-9　修改指令 1

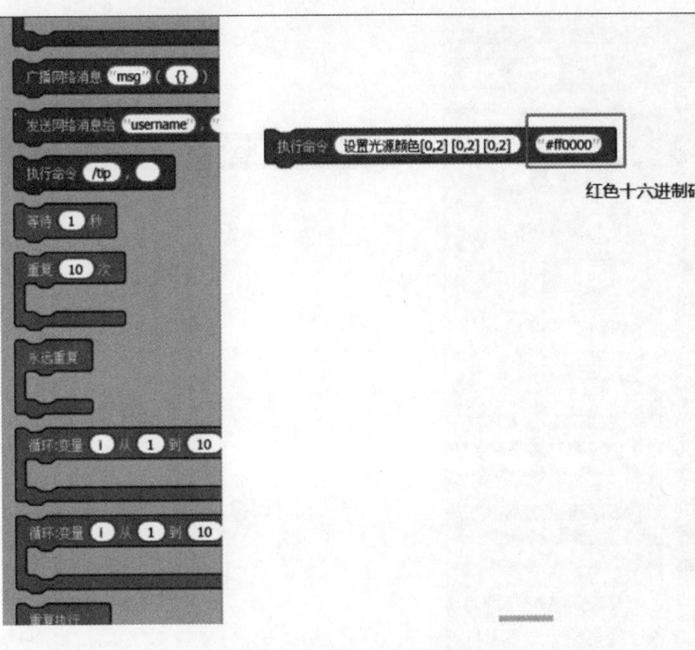

图 4-10　修改指令 2

图 4-11　红色灯光

（7）输入绿色十六进制码 #00ff00，如图 4-12 所示。单击“运行”按钮，可以看到灯光变成了绿色，如图 4-13 所示。

（8）输入蓝色十六进制码 #0000ff, 如图 4-14 所示。单击“运行”按钮，可以看到灯光变成了蓝色 , 如图 4-15 所示。

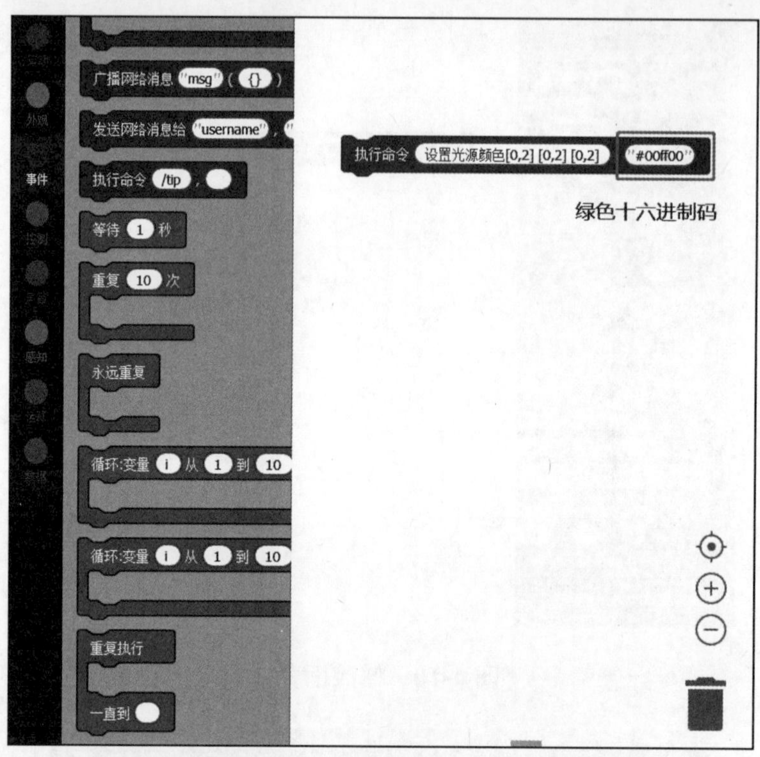

图 4-12　修改指令 3

图 4-13　绿色灯光

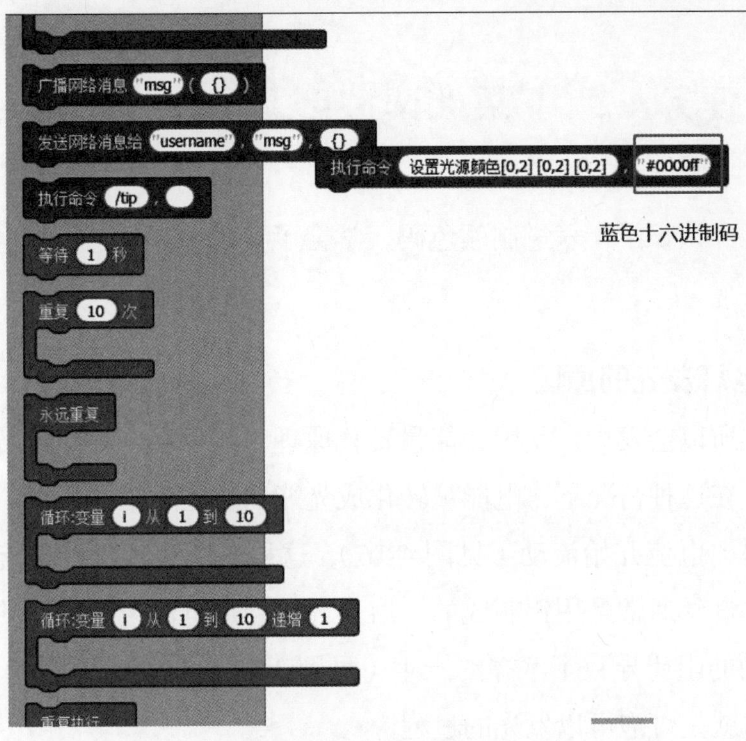

图 4-14　修改指令 4

图 4-15　蓝色灯光

任务 4.2　扩展阅读：电灯为什么会发光

大家已经认识了十六进制颜色码，学会了让灯方块变色，但电灯为什么会发光呢？

1. 电灯发光的原因

灯泡之所以会发光，是因为能量转化原理，能量从一种形式转化到另外一种形式，在这种情况下，电能被转化成光能和热能。

开灯时，电流开始流动（见图 4-16），这种电流或者叫电子流被灯泡的灯丝阻碍，灯丝通常是用钨制成的，熔点高，会对电流产生更大的阻力，这样电子流动的阻碍导致了摩擦的产生（见图 4-17），这会导致灯丝升温并开始发光，这就是灯泡可以发光的过程。

图 4-16　电路通电

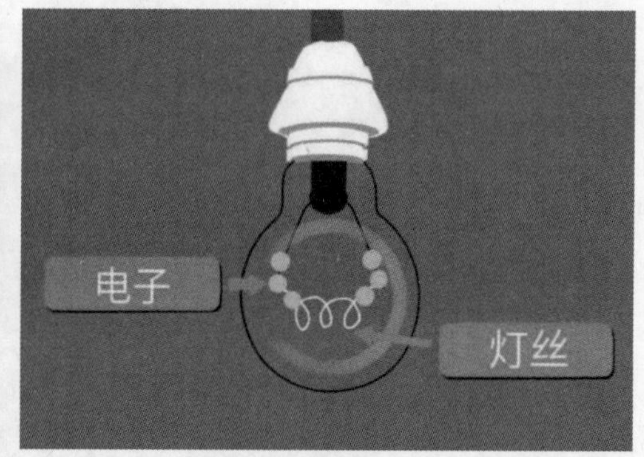

图 4-17　电子流动

工作原理是，电流通过灯丝（钨丝，熔点达 3000℃以上）时产生热量，螺旋状的灯丝不断将热量聚集，使得灯丝的温度达 2000℃以上，灯丝在处于白炽状态时，就像烧红了的铁能发光一样而发出光来。灯丝的温度越高，发出的光就越亮，故称为白炽灯。从能量的转化角度看，电灯发光时，大量的电能将转化为热能，只有极少一部分可以转化为有用的光能。电灯发出的光是全色光，但各种色光的成分比例是由发光物质（钨）以及温度决定的。比例不平衡就导致了光的颜色的偏色，所以在白炽灯下物体的颜色不够真实。

2. 电灯的发明

最早实用的电灯是白炽灯，但早在白炽灯诞生之前，英国人汉弗莱·戴维用 2000 节电池和两根炭棒制成了弧光灯，但这种弧光灯亮度太强、产热太多，又不耐用，一般场所根本无法使用。

1854 年，移民美国的德国钟表匠亨利·戈贝尔用一根放在真空玻璃瓶里的碳化竹丝，制成了首个有实际效用的电灯，持续亮了 400 小时，不过他没有及时申请专利。1860 年，英国人约瑟夫·斯旺也制成了碳丝电灯，但他未能获得使碳丝保持长时间工作的良好真空环境。直到 1878 年，英国的真空技术发展到合乎需要的程度，他才发明了真空下用碳丝通电的灯泡，并且获得英国专利。斯旺自己的屋子是英国用电照明的第一所私人住宅。

1874 年，加拿大的两名电气技师申请了一项电灯专利：在玻璃泡之下充入氮气，以通电的碳杆发光，但他们没有足够财力继续完善这项发明，于是在 1875 年把专利卖给了爱迪生。爱迪生购入专利后尝试改良灯丝，终于在 1880 年制造出能持续亮 1200 小时的碳化竹丝灯。

不过，美国专利局判爱迪生的碳丝白炽灯发明落于人后，专利无效。打了多年的官司后，亨利·戈培尔赢得专利，最后爱迪生从戈培尔贫困的遗孀手上买下专利。在英国，斯旺控告爱迪生侵犯专利，后来他们在法庭之外和解，于 1883 年在英国建立一家联合公司。斯旺后来把他的股权及专利都卖给了爱迪生。

20 世纪初，碳化灯丝被钨丝取代，钨丝白炽灯沿用至今。1938 年，荧光灯诞生。1998 年，白光 LED 灯诞生。

任务 4.3　总结与评价

先分组进行总结，分别说出制作过程及体会，写出书面总结。再互相检查制作结果，集体给每一位同学打分。

1. 任务完成调查

任务完成后，还要进行总结和讨论，教学时印有表 1-1 所示的打分表，可进行自我评价。

2. 行为考核指标

行为考核指标，主要采用批评与自我批评、自育与互育相结合的方法。采用自我考核和小组考核后班级评定的方法。班级每周进行一次民主生活会，就行为指标进行评议，教学时印有表 1-2 所示的评价表，可进行自我评价。

3. 集体讨论题

上网搜索 Paracraft 中各方块包含的各种功能，并进行思维导图式讨论。

4. 思考与练习

（1）编写代码实现灯方块自动循环变色。

（2）小测试：

在 Paracraft 中，改变灯方块的颜色的方法是（　　）。

A. 选择不同颜色的灯方块　　B. 将灯方块的颜色特效增加

C. 输入十六进制颜色码　　D. 利用画笔改变颜色

答案解析：在 Paracraft 中，用十六进制颜色码来表示颜色，它是以 # 开头的 6 位十六进制数值。答案是 C。

项目5 风 扇

夏天到了，转动的电风扇能给人们带来阵阵凉意。风扇的种类很多，本次项目了解风扇的组成及其工作原理，学习如何在虚拟世界中制作风扇。

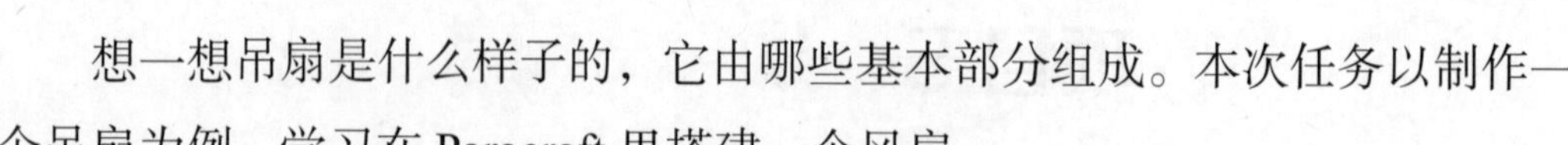

任务 5.1 风扇制作

想一想吊扇是什么样子的，它由哪些基本部分组成。本次任务以制作一个吊扇为例，学习在 Paracraft 里搭建一个风扇。

5.1.1 制作思路

吊扇包括 3 个基本组成部分，即扇头（包括电机、转动轴承、外壳等），四片扇叶和悬吊装置。思维导图如图 5-1 所示。先制作扇头，由于四片扇叶是一样的，先制作一片，再复制其他三片，扇叶是风扇的关键部件之一，在实际制作中很难保证每一片扇叶形状一样，质量一样，质量分布一样，若做不到这些，电扇会抖动，产生噪声。任何旋转物体都相当于一个陀螺，陀螺除自旋外还参与进动和章动，特别是陀螺在快要停止时，绕着旋转轴的转动就是自旋，旋转轴绕着陀螺顶点上下运动（抖动）就是章动，旋转轴绕着陀螺顶点转动的运动就是进动。

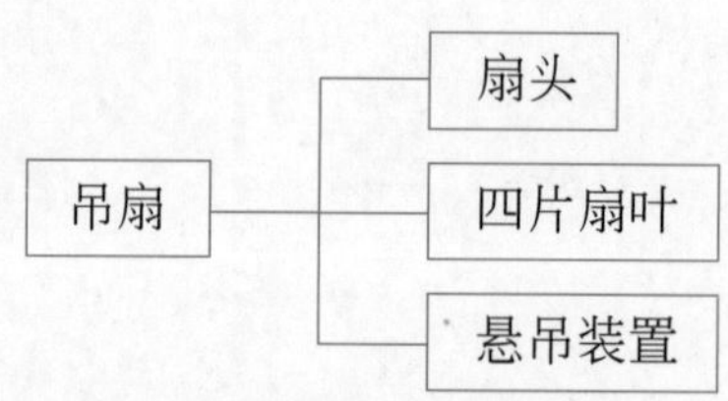

图 5-1 风扇思维导图

5.1.2 开始制作

根据思维导图，结合之前学的内容，开始在 Paracraft 里制作风扇吧。制作风扇的详细步骤如下。

1. 搭建风扇的扇头

因为扇头是圆形，所以搭建扇头时需要用到圆形指令 circle。

（1）新建世界，找到一片空地，在工具栏里的“建造”选项卡选择“白色方块（id:133White）”，如图 5-2 所示。

图 5-2　选择方块

（2）按“/”键，输入指令 circle，按空格键，输入 1，1 代表圆的半径，然后单击“发送”按钮，如图 5-3 所示。一个圆形就搭建好了，如图 5-4 所示。搭建时需注意，圆形是以角色所在位置为中心点，此时不要移动角色，

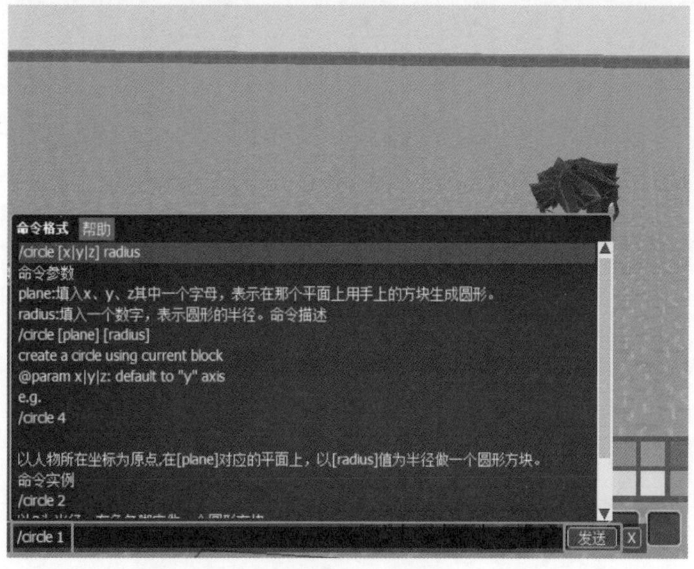

图 5-3　输入指令

将其保持在圆形中心点位置。

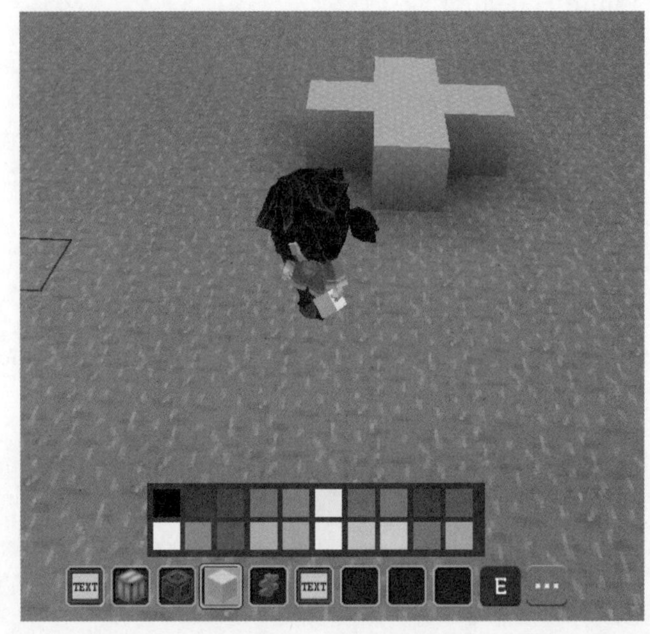

图 5-4　搭建圆形

（3）在第一个圆形的基础上，继续按 / 键，输入指令 circle，按空格键，输入 2，单击“发送”按钮，第二个圆形就搭建好了，如图 5-5 所示。

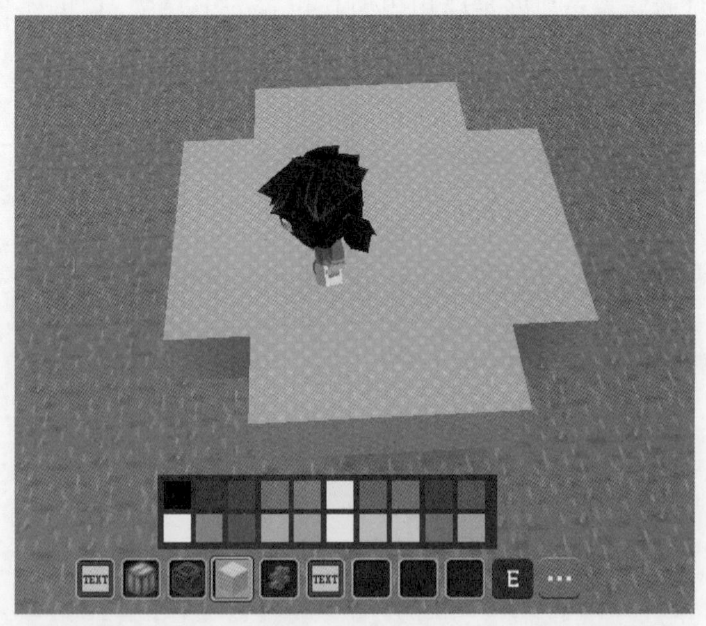

图 5-5　搭建圆形

2. 搭建风扇的四片扇叶

四片扇叶是一模一样的，只需要搭建出一片扇叶，再复制出其他 3 片就可以了。

（1）选择扇头的中心位置，运用之前所学快捷键 Ctrl 键、Shift 键可以快速搭建一片扇叶，如图 5-6 所示。

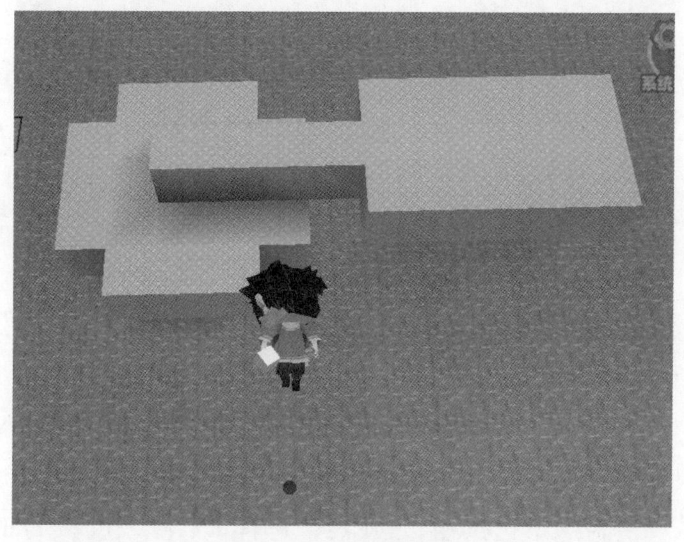

图 5-6　搭建扇叶 1

（2）按住 Ctrl 键，全选整片扇叶，在弹出的“属性”窗口里选择“变换”，选中“复制”单选按钮，“旋转”选择 Y，修改度数为 90，如图 5-7 所示。单击“确定”按钮，第二片扇叶就搭建好了，如图 5-8 所示。

图 5-7　复制扇叶 1

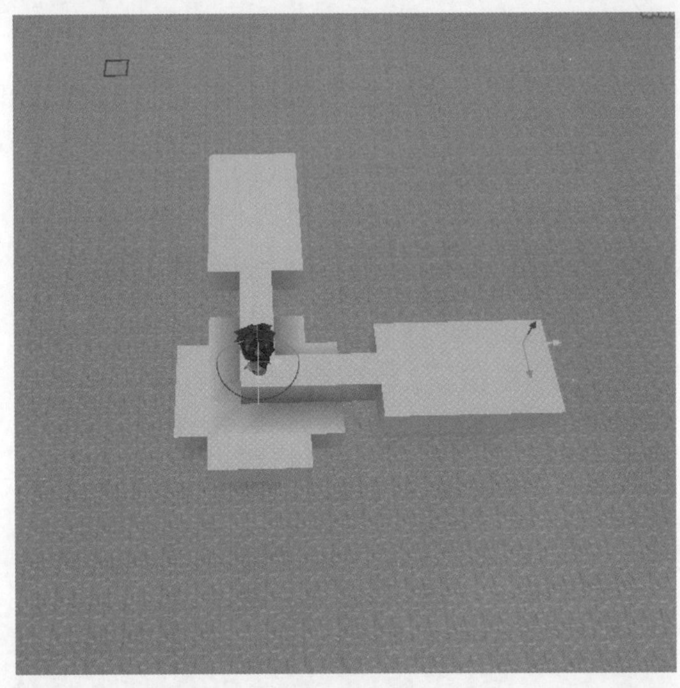

图 5-8　搭建扇叶 2

（3）继续按住 Ctrl 键，全选两片扇叶，在弹出的“属性”窗口里选择“变换”，选中“复制”单选按钮，“旋转”选择 Y，修改度数为 180，如图 5-9 所示。单击“确定”按钮，4 片扇叶就搭建好了，如图 5-10 所示。

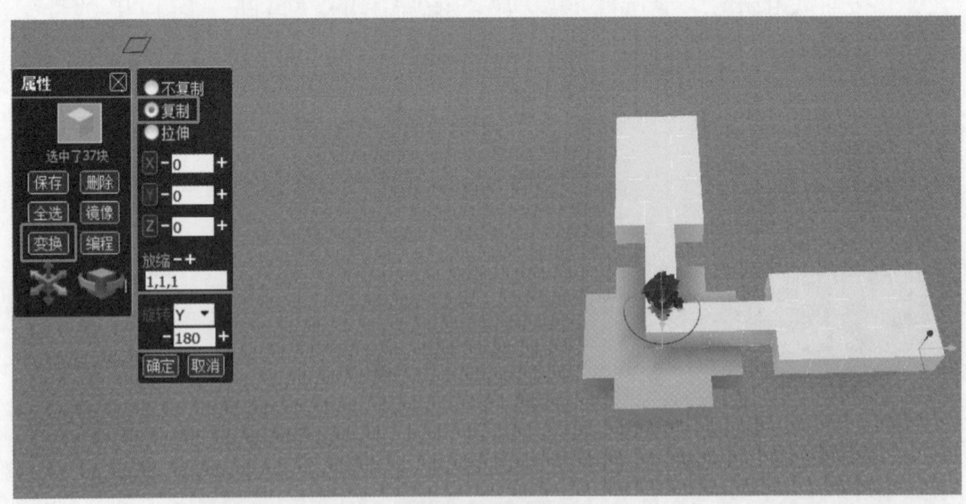

图 5-9　复制扇叶 2

图 5-10　搭建扇叶 3

3. 搭建风扇的悬吊装置

搭建好 4 片扇叶后，单击“白色方块”，选择灰色来搭建悬吊装置，这里运用快捷键 Ctrl 键、Shift 键可以快速搭建，如图 5-11 所示。

图 5-11　搭建悬吊装置

任务 5.2　扩展阅读：风扇知识

关于风扇还有哪些知识，谁发明了电风扇，它的工作原理是什么？随着社会发展，一些适应现在社会需求的风扇也被发明出来。

1. 为什么风扇会吹出风

旋转的风扇会有风吹出，这是为什么呢？

（1）风扇叶吹出风的原理是扇叶旋转的时候以斜切的方式挤压受力面（上部）的空气向垂直于扇叶表面的方向运动，扇叶需要有一定角度来推动空气（需要能分解出一个向上，垂直于旋转面的力）。

（2）扇叶做成流线型是为了避免不必要的摩擦损耗动能，同时减小噪声。扇叶旋转时上部空气受力“流走”，而原来所在的位置会产生负压，而下部空气因为负压“流入”该区域形成空气流动。

（3）吹风可以让人感到凉快是利用蒸发吸热的原理，当人感觉到热的时候，会向外排出汗液，风扇通过加速空气流动促进汗液蒸发，吸收身体的热量，从而实现降温。

2. 风扇的发明

机械风扇起源于 1830 年，一个叫詹姆斯 · 拜伦的美国人从钟表的结构中受到启发，发明了一种可以固定在天花板上，用发条驱动的机械风扇。这种风扇转动扇叶带来的徐徐凉风使人感到凉爽，但得爬上梯子去上发条，很麻烦。

1872 年，一个叫约瑟夫的法国人研制出一种靠发条涡轮启动，用齿轮链条装置传动的机械风扇，这个风扇比拜伦发明的机械风扇精致多了，使用也方便一些。

1880 年，美国人舒乐首次将叶片直接装在电动机上，再接上电源，叶片飞速转动，阵阵凉风扑面而来，这就是世界上第一台电风扇。

3. 新颖风扇

电扇种类很多，家用电风扇有吊扇、台扇、落地扇、壁扇、顶扇、换气扇、转页扇、空调扇（即冷风扇）等；台扇中又有摇头和不摇头之分，也有转页扇；落地扇中有摇头、转页的。还有一种微风小电扇，是专门吊在蚊帐里的，夏日晚上睡觉，一开它就微风习习，可以安稳地睡上一觉。下面简要介绍几种新型电扇。

（1）时控电风扇。只需要设置好风扇工作的时间，它就会根据设置按时开、关。

（2）声控电风扇。美国通用电器公司研制出的声控电风扇装有微型电子接收器，只需在不超过 3m 的地方连续拍手 2 次，电风扇就会自动运转；若再连续拍手 3 次，电风扇又会自动停转。

（3）冷气风电风扇。欧洲市场上推出了一种风扇与冰箱相结合的新型电风扇，其风扇有一个制冷机芯，机芯的中心圆筒中有混合液体，将此机芯置于冰箱中 3 小时后取出使用，即可吹出冷风，给人以有冷气吹来的感觉。

（4）无噪声电风扇。日本三菱公司开发了几乎没有噪声的电风扇，装有特制的鸟翅状叶片，可产生一股涡动气流，且采用直流电机，不加防护罩，很适合有微型计算机、文字处理机、复印机的场所使用。

（5）灯头电风扇。美国发明的可安装在灯泡灯头上的电风扇，小巧玲珑，只要有安装灯泡的灯头就可使用，不仅安装简便，而且能节省能源。

（6）四季电风扇。德国生产出的四季都能用的电风扇，配有远红外线加热器和负离子发生器，能夏季送凉风、冬季送热风，一年四季送负离子风，具有送凉取暖，净化空气，防病保健功效。

（7）火柴盒电风扇。法国开发出的微型风扇，体积只有火柴盒大小，厚度为 14mm，长度为 62mm，重量仅为 45g，使用 12~24V 的直流电，功率仅 2W，连续使用寿命可达 1 万小时。

（8）模糊微控电风扇。日本东芝公司推出的模糊微控电风扇，设有强、普通、弱等 7 级风量，可根据传感器测定的温度和湿度，自动选择最佳送风。

如果有人碰到网罩，还会自动停止转动。

（9）防伤手指电风扇。美国罗伯逊工业公司推出两种新型风扇，只要人的手指一碰到这种电扇的外罩，就会给其控制系统传递一个电脉冲信号，使电扇停止转动，以免手指受伤。

4. 小型电风扇

适用于夏季外出或是身边没有纳凉工具的时候，这种风扇有很多种，有用电池的，充电的，在夏天也是一种好工具。

5. 金属风扇

金属风扇，也称为金属扇，金属电风扇，是指电风扇的制造材料是金属，如铁和铜。在欧美发达国家，金属风扇凭着它独特的艺术韵味和金属质感，已成为高级家居装饰品，受到广大消费者的欢迎和喜爱。这股潮流已经传到了中国，正在影响越来越多的家庭。

任务 5.3 总结与评价

先分组进行总结，分别说出制作过程及体会，写出书面总结。再互相检查制作结果，集体给每一位同学打分。

1. 任务完成调查

任务完成后，还要进行总结和讨论，教学时印有表 1-1 所示的打分表，可进行自我评价。

2. 行为考核指标

行为考核指标，主要采用批评与自我批评、自育与互育相结合的方法。采用自我考核和小组考核后班级评定的方法。班级每周进行一次民主生活会，就行为指标进行评议，教学时印有表 1-2 所示的评价表，可进行自我评价。

3. 集体讨论题

描述任务 5.1 中复制扇叶的过程，步骤是什么，用到了哪些快捷键?

4. 思考与练习

（1）自己掌握圆形指令的基本使用方法，研究其规律。

（2）设计并制作其他类型的风扇。

项目 6　生成 bmax 模型

在 Paracraft 里，如果想要对模型进行动画创作，就需要把普通的方块模型导出为 bmax 模型。bmax 是 block max/block model 的简称，意思是方块模型。

在 Paracraft 里通过方块搭建的模型，都是由很多方块堆叠组成的，通过 bmax，能够把这种模型合并为一个方式单位的模型，这样就能制作出更精致的静态或动画模型了。本次项目将学习如何将搭建好的模型生成 bmax 模型。

任务 6.1　椅 子 模 型

了解椅子的组成部分，学习椅子的制作过程，将做好的椅子模型生成 bmax 模型，学习如何改变模型大小。

6.1.1　制作椅子

观察一下常见的椅子是什么样子的，它由哪些部分组成？如图 6-1 所示，列出了椅子模型的思维导图。在实际的椅子制作中，要制作好一个四平八稳的椅子可是一件很难的事，听过爱因斯坦小时候制作小板凳的故事吗？他制作的板凳不能坐，不美观。制作时要保证椅子每条腿倾斜度在各个方向上一致，但如何保证是一个技术活。读者可以自己做一个试试，本项目完成在虚拟空间中制作一张椅子的任务。

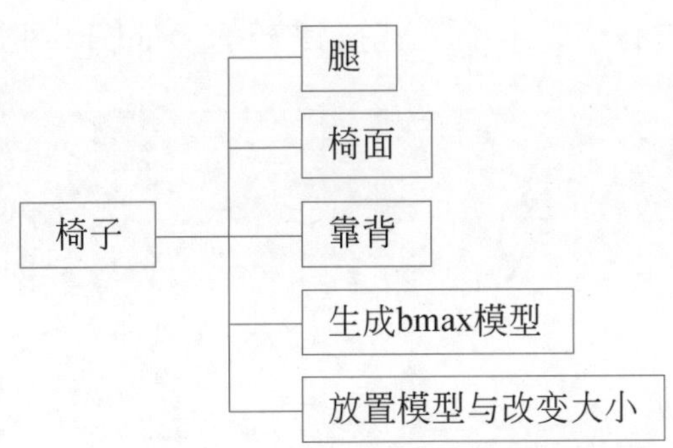

图 6-1　制作椅子思维导图

6.1.2　开始制作

根据思维导图，结合之前学习的内容，可以自己先探索一下，如果发现问题可以查看下面的详解。

1. 搭建椅子的腿

（1）新建世界，找到一片空地，在工具栏里的“建造”选项卡选择“工具”→“彩色方块（id:10 ColorBlock Color）”，它有很多种颜色，这里选择橙色，如图 6-2 所示。

图 6-2　选择方块

（2）右击放置方块，这里需要放置 4 个，如图 6-3 所示。按住 Shift 键，选中方块朝上的一面右击，4 条腿就搭建好了，如图 6-4 所示。

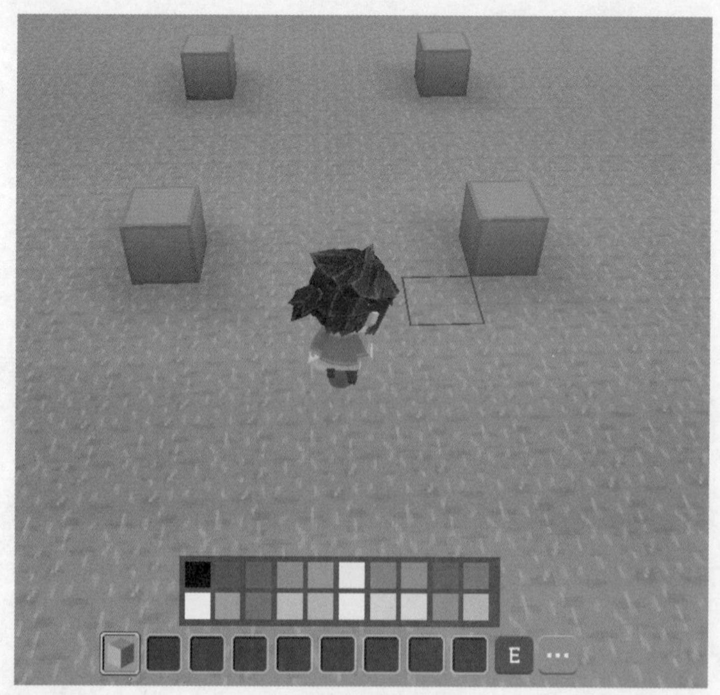

图 6-3　放置方块

图 6-4 搭建椅腿

2. 搭建椅子的椅面

按住 Shift 键,选中方块需要连接的一面右击,4 条腿就连起来了,如图 6-5 所示。然后将中间填充，椅面就搭建好了，如图 6-6 所示。

图 6-5 连接 4 条腿

图 6-6　搭建椅面

3. 搭建椅子的椅背

按住 Shift 键，选中方块朝椅背的一面右击，椅背就搭建好了，如图 6-7 所示。

图 6-7　搭建椅背

4. 生成 bmax 模型

按住 Ctrl 键，单击椅腿和椅背，全选整个椅子，在左边弹出的“属性”窗口单击“保存”按钮，如图 6-8 所示。单击“保存”按钮后，在“导出”窗口选择“保存为 bmax 模型”，如图 6-9 所示。在输入窗口输入模型文件 chair，单击“确定”按钮，如图 6-10 所示，椅子的 bmax 模型就保存好了。

图 6-8　保存

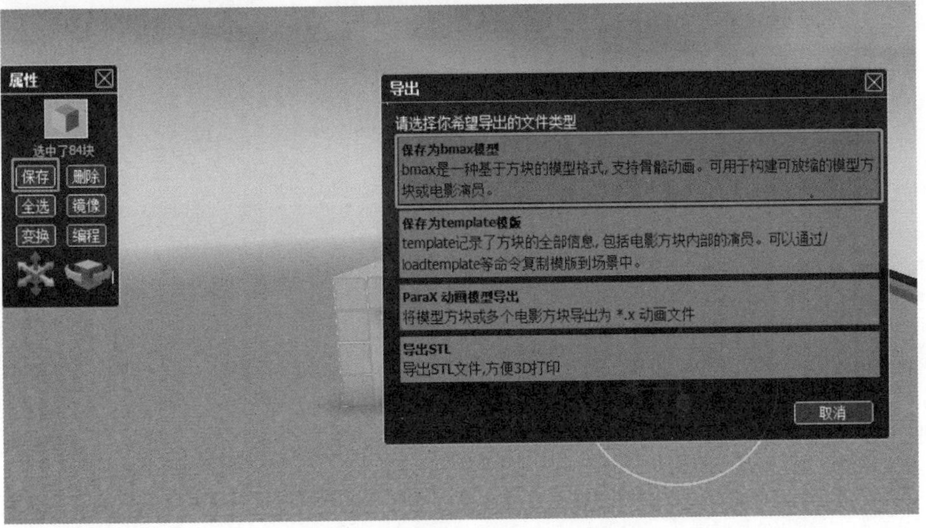

图 6-9　保存为 bmax 模型

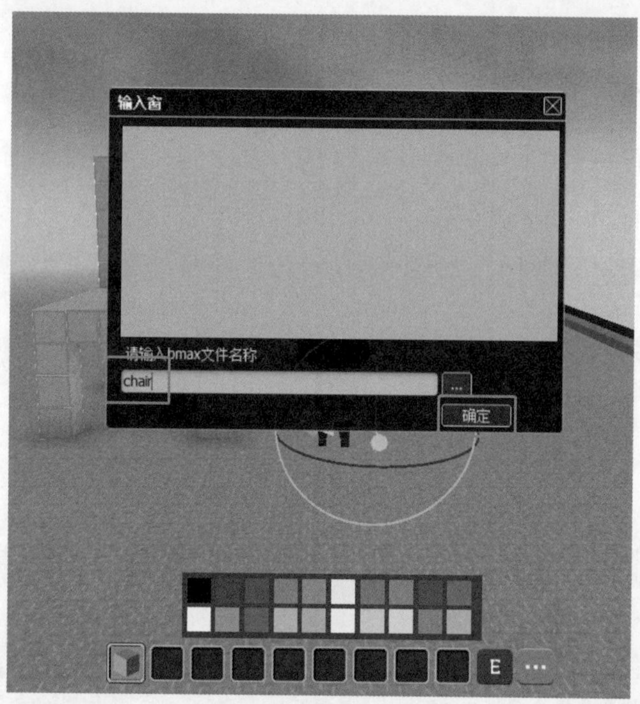

图 6-10　修改文件名

5. 放置模型与改变大小

（1）保存好 bmax 模型后右击，就可以将椅子的模型放在空地上，如图 6-11 所示，椅子看起来有点小，如何改变椅子的大小呢？

图 6-11　放置模型

（2）右击椅子，会出现红、绿、蓝色三轴箭头，每个颜色的箭头都有长短各一个，如图 6-12 所示，拖动长箭头可以改变椅子位置，拖动短箭头则可以改变椅子大小，拖动任意一个颜色的短箭头，即可改变椅子的大小，如图 6-13 所示。

图 6-12　选中模型

图 6-13　改变模型大小

任务 6.2 扩展阅读：椅子知识

椅子是一种日常生活家具，一种有靠背还有扶手的坐具。现代的椅子追求美观时尚，一些椅子不再单单作为坐具，在科技的引领下，人类的生活更加方便。下面介绍椅子相关知识。

1. 椅子发展史

很久以前，人们可没有椅子，他们整天举着长矛打猎，打到猎物后就直接坐在地上休息。这种席地而坐的休息方式一直持续到了汉代。那时，从少数民族传来了一种折叠小板凳，既没有靠背，也没有扶手，这个椅子叫作胡床，它可是中国椅子的“老祖宗”，那时候的椅子图个方便，贵族外出打猎的时候把它折叠起来捆在马背上，非常便携。但随着时间的推移，人们对椅子的审美和舒适度的要求逐渐提高，于是在明代就出现了很多工艺精湛、造型简洁高雅的椅子，如图 6-14 所示。

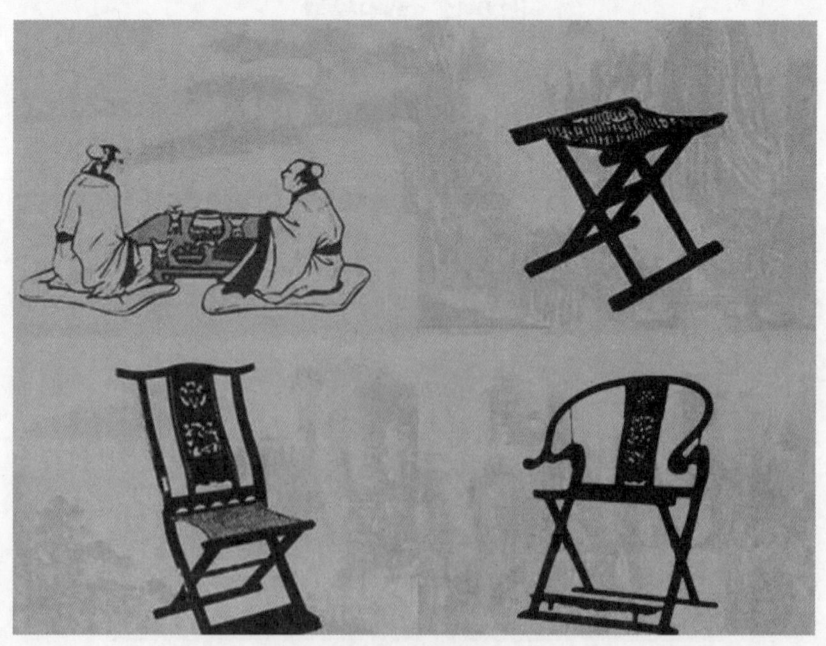

图 6-14 椅子

2. 圆凳制作方法

不同于方凳，圆凳制作的用料、连接方式都有自己的讲究，下面介绍如何制作一张圆凳。如图 6-15 所示，制作这个圆凳需要一块直径 280mm 的圆盘木料和 3 块端面边长 50mm、长 230mm 的方木料。把用来制作凳面的圆盘木料夹在制碗卡爪上，车出一个凹槽，这个凹槽用来把木料固定在扩展型卡盘上，这就是圆凳的底面。

图 6-15　圆凳

圆凳的底面要向外切出 15° 的斜面，这样凳腿的榫头在以 90° 插入圆凳底面时可以形成更为稳固的连接。从上面看，凳子会显得更为轻巧。为了制作这个斜面，车刀架要与床身呈 90° 放置，然后以车刀架为基准面测量角度。车斜面时，不断用角度规测量角度。一旦斜面车削完成，马上把圆盘木料反向固定到卡盘上，准备车削凳子的顶面。

在开凿榫眼之前，圆凳的顶面是很平整的。在把圆盘重新固定在扩展型卡盘上之后，用半圆刀将圆凳的顶面刮削平整。握住直尺抵住旋转的木料表面可以测量其平整度，然后在轻轻刮去摩擦产生的黑亮焦痕的同时刮平表面。用直尺再次测量，当表面平整后，在车床旋转状态下将顶面砂磨光滑。

在圆凳底面距离边缘大约 45mm 处标出卯定凳腿的位置。卸下凳面，画出凳腿所在的圆圈，然后沿圆周用半径进行测量，确定 3 个凳腿的位置。装上凳腿后，把圆凳放在平面上，观察并标记出需要切掉的部分，这样凳腿底部就能平稳地放置在地板上了。一张圆木凳就制作完成。

任务 6.3　总结与评价

先分组进行总结，分别说出制作过程及体会，写出书面总结。再互相检查制作结果，集体给每一位同学打分。

1. 任务完成调查

任务完成后，还要进行总结和讨论，教学时印有表 1-1 所示的打分表，可进行自我评价。

2. 行为考核指标

行为考核指标，主要采用批评与自我批评、自育与互育相结合的方法。采用自我考核和小组考核后班级评定的方法。班级每周进行一次民主生活会，就行为指标进行评议，教学时印有表 1-2 所示的评价表，可进行自我评价。

3. 集体讨论题

上网搜索 Paracraft 中各模型的基本功能，并进行思维导图式讨论。

4. 思考与练习

（1）掌握 bmax 模型的基本使用方法，研究其规律。

（2）了解各种模型，掌握各项使用方法。

项目 7 路 灯

路灯是由灯具、电线、光源、灯杆、灯臂、法兰盘、基础预埋件组成的一个整体，主要作用是为道路提供照明，为行人和行车提供适当的亮度。同时还能作为一道景观，让道路环境更加明亮和美观。

任务 7.1 路灯制作

路灯样式众多，安装方式有托架式、高挑式、直杆式、悬索式和吸壁式等。本任务将搭建一个直杆式路灯。首先要做好设计，厘清思路，然后根据思维导图一步步完成。

7.1.1 路灯制作思路

真实的路灯结构较为复杂，这里归纳出最主要的 3 部分，即底座、灯柱和灯具，如图 7-1 所示。按照这个思路完成搭建。

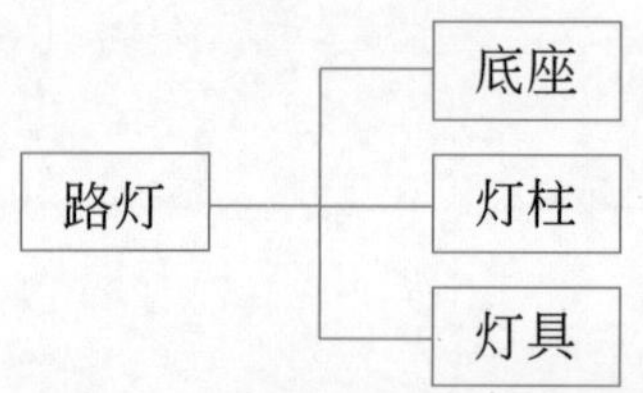

图 7-1 路灯制作思维导图

7.1.2 开始路灯制作

根据思维导图，结合之前学的内容，可以自己先尝试做一下。下面是步骤和详细解释。

1. 搭建路灯的底座

制作底座时先要选择楼梯方块，然后将它们围成一个矩形。具体操作步骤如下。

（1）新建世界，找到一片空地，然后按 E 键，在工具栏的“装饰”子菜单下选择楼梯方块（以云杉木楼梯为例）。

（2）在平地右击，以放置云杉木楼梯，将楼梯围成一个矩形（注意，转角处会自动连接），如图 7-2 所示。

图 7-2　路灯的底座

2. 搭建灯柱

单击 E 键，在工具栏的“装饰”子菜单上选择栅栏。在底座中间右击放置栅栏 id，如图 7-3 所示。当连续水平放置两个栅栏 id 后，它们会自动连接，按 F 键进入飞行模式，按空格键升高，将灯柱搭建到合适高度，如图 7-4 所示。

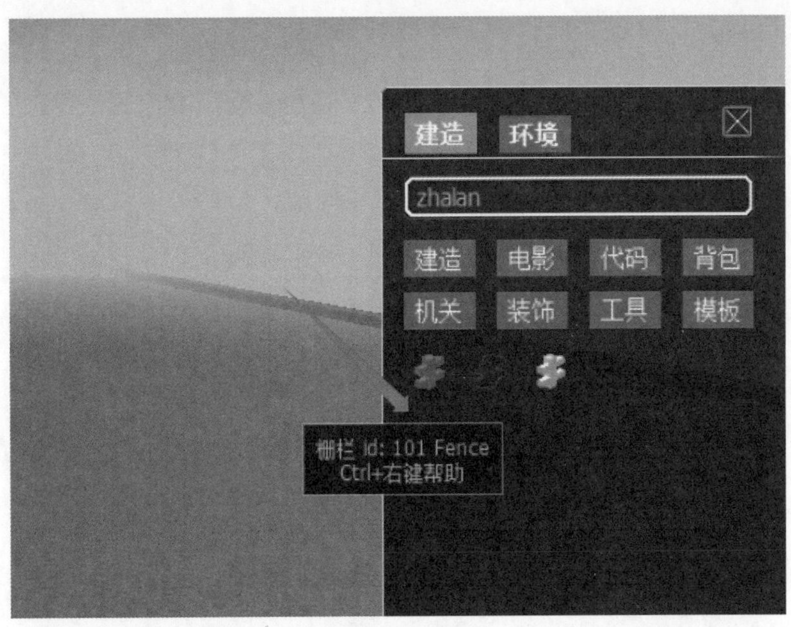

图 7-3　栅栏

图 7-4　灯柱

3. 放置灯具

搭建好底座和灯柱后，需要将灯具放置上去，在放置灯具之前需要将放置灯具的灯架搭好。右击，继续放置栅栏，在灯柱上方围成一个矩形。最后选择灯具，右击放置即可，如图 7-5 所示。

图 7-5　放置灯具

任务 7.2　扩展阅读：路灯知识

路灯，指给道路提供照明的灯具，泛指交通照明中路面照明范围内的灯具，路灯被广泛运用于各种需要照明的地方。下面介绍路灯相关知识。

1. 路灯自动控制

路灯（见图 7-6）的控制板上采用光敏电阻作为亮度的传感器，通过可调电阻来设定一个亮度值。当亮度低于这个值时，光敏电阻输出一个电信号，驱动路灯点亮；当亮度高于这个值时，光敏电阻又会输出一个电信号，驱动路灯熄灭。

图 7-6　路灯

为防止短时的手电或汽车灯光的亮光干扰，有些路灯设置了采集灯光的延时功能。

2. 路灯发展史

早前的马路电灯在每根电线杆上装闸刀开关，需工人每天开启、关闭。后改用若干路灯合用一个开关，这种形式的路灯在全国各城市中一直沿用到 20 世纪 50 年代。

人类尝试在城市街道上进行人工照明始于 15 世纪初。1417 年，为了让伦敦冬日漆黑的夜晚明亮起来，伦敦市长亨利·巴顿发布命令，要求在室外悬挂灯具照明。后来，他的倡议得到了法国人的支持。16 世纪初，巴黎居民住宅临街的窗户外必须安装照明灯具。路易十四时代，巴黎的街道上出现了许多路灯。1667 年，被称为太阳王的路易十四正式颁布了城市道路照明法令。传说，正是因为这部法令的颁布，路易十四的统治才被称为法国历史上的“光明时代”。

根据 2023 年的数据，中国的路灯总数约为 1.8 亿盏，其中大部分路灯（约 1.6 亿盏）接入市电网，只有约 2000 万盏使用可再生能源供电。发展再生能源供电是未来发展方向。

3. 结构

路灯是由灯具、电线、光源、灯杆、灯臂、法兰盘、基础预埋件组成的一个整体。太阳能路灯系统可以保障阴雨天气 15 天以上正常工作。它的系统由 LED 光源（含驱动）、太阳能电池板、蓄电池（包括蓄电池保温箱）、太阳能路灯控制器、路灯灯杆（含基础）及辅料线材等部分构成。

4. 太阳能路灯

太阳能是取之不尽、用之不竭、清洁无污染并可再生的绿色环保能源。利用太阳能发电，有无可比拟的清洁性、高度的安全性、能源的相对广泛性和充足性、长寿命以及免维护等其他常规能源所不具备的优点，光伏能源被认为是 21 世纪最重要的新能源。而太阳能路灯无须铺设线缆，无须交流供电，不产生电费；采用直流供电，易控制；具有稳定性好、寿命长、发光效率高、安装维护简便、安全性能高、节能环保、经济实用等优点。

太阳能电池组件一般选用单晶硅或者多晶硅太阳能电池组件；LED 灯头一般选用大功率 LED 光源；控制器一般放置在灯杆内，具有光控、时控，过充过放保护及反接保护，更高级的控制器更具备四季调整亮灯时间功能、半功率功能、智能充放电功能等；蓄电池一般放置于地下或者会有专门的蓄电池保温箱，可采用阀控式铅酸蓄电池、胶体蓄电池、铁铝蓄电池或者锂电池等。太阳能灯具全自动工作，不需要挖沟布线，但灯杆需要装置在预埋件（混凝土底座）上。

任务 7.3　总结与评价

先分组进行总结，分别说出制作过程及体会，写出书面总结；再互相检查制作结果，集体给每一位同学打分。

1. 任务完成调查

任务完成后，还要进行总结和讨论，教学时印有表 1-1 所示的打分表，可进行自我评价。

2. 行为考核指标

行为考核指标，主要采用批评与自我批评、自育与互育相结合的方法。采用自我考核和小组考核后班级评定的方法。班级每周进行一次民主生活会，就行为指标进行评议，教学时印有表 1-2 所示的评价表，可进行自我评价。

3. 集体讨论题

上网搜索各主菜单的基本功能，并进行思维导图式讨论。

4. 思考与练习

（1）根据学习过的方法，使用代码方块编程控制路灯点亮和熄灭。

（2）设计其他样式的路灯，并控制路灯工作。

项目 8　舞　台

舞台就是供演员演出的平台，有的是固定式，有的可以升降，配合现代科技灯光效果就能实现想要的视觉体验。通过学习，知道舞台的基本组成部分，并完成搭建和装饰，了解与舞台相关的其他知识。

任务 8.1 搭建舞台

舞台的样式非常丰富，本任务使用 Paracraft 软件搭建一个舞台，包括主平台、楼梯和红毯。首先需要做好设计，然后根据思维导图一步步完成。学习中会涉及 box 指令，以及一些常用的快捷键。

8.1.1 搭建思路

动手搭建之前，需要厘清思路，想想舞台是什么样子的，由哪几部分组成，按照什么顺序来搭建，思维导图如图 8-1 所示。先搭建舞台，再做上下舞台的楼梯，最后在舞台上铺上红地毯。

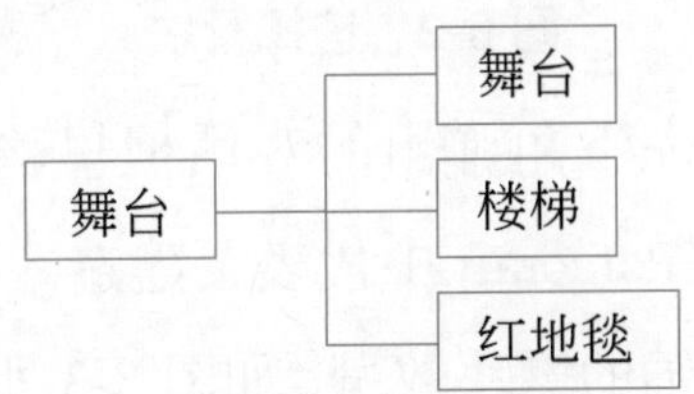

图 8-1 舞台思维导图

8.1.2 开始搭建

根据思维导图，结合之前学的内容，可以自己先尝试做一下。下面是步骤和详细解释，有疑问时可以查看，也可以跟随步骤搭建。

1. 搭建舞台

搭建舞台时，要选择一个合适的方块，使用 box 指令来搭建。先搭建平台，再搭建楼梯和红地毯。

（1）新建世界，找到一片空地，按 E 键，在工具栏的“建造”子菜单下选择“雪块”（id:5 Snow-Block），如图 8-2 所示。

图 8-2　选择雪块

（2）按 / 键，在屏幕左下角弹出的对话框里输入 box 20 3 20, 其中 box 是盒子、箱子的意思。在 Paracraft 中代表要建造一个立方体，20、3、20 分别表示立方体的 X、Y、Z 轴的雪块数量，如图 8-3 所示。单击“发送”按钮，舞台就搭建好了，如图 8-4 所示。

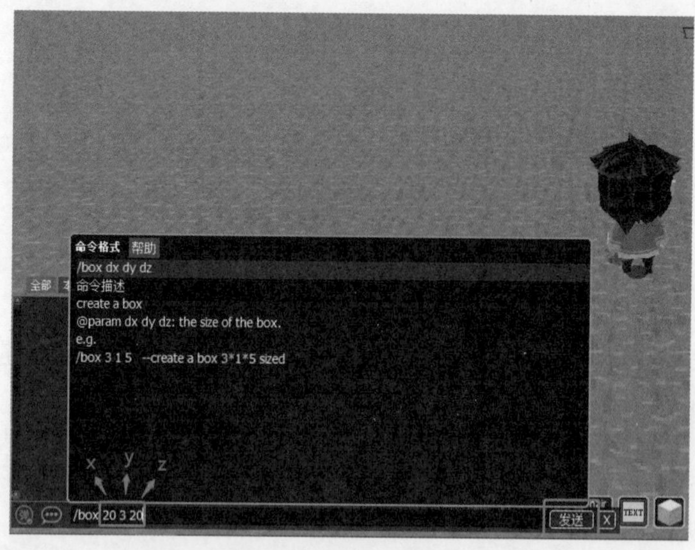

图 8-3　输入指令

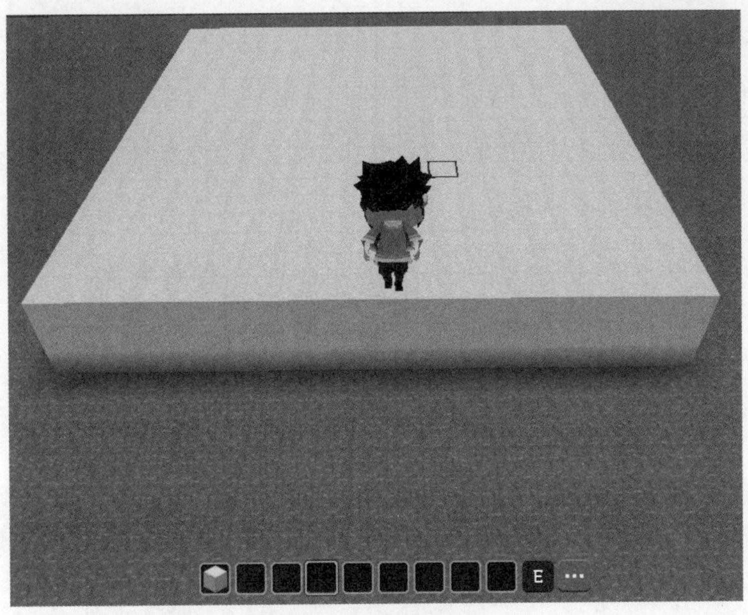

图 8-4　搭建舞台

2. 搭建楼梯

在舞台的一侧右击，选择“放置”命令，运用学过的 Ctrl 键和 Shift 键可以快速搭建一个三层的楼梯，如图 8-5 所示。

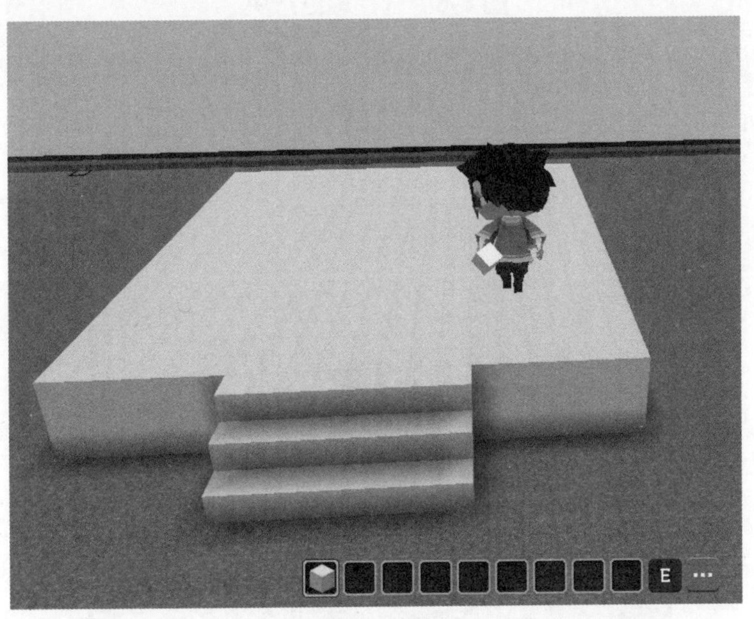

图 8-5　搭建楼梯

3. 搭建红地毯

搭建好舞台和楼梯后，需要在楼梯下方搭建一块红地毯。

（1）按 E 键，在工具栏的“工具”子菜单下选择“彩色方块（id:10 ColorBlock）”，如图 8-6 所示。

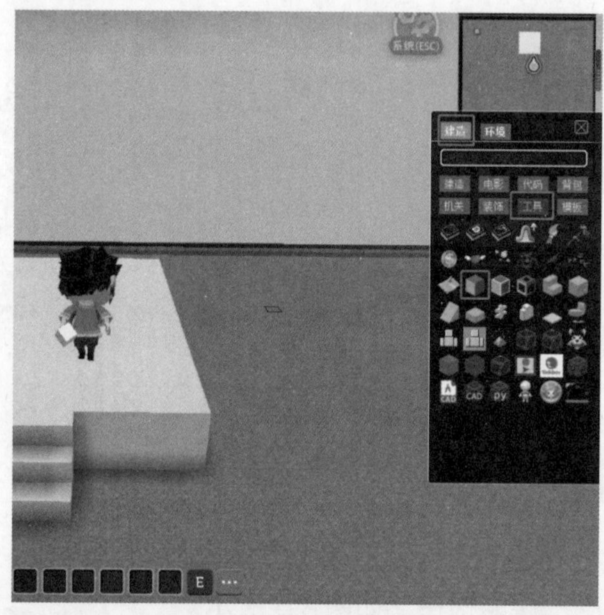

图 8-6 选择彩色方块

（2）按住 Ctrl 键，单击需要选择区域的对角，可以快速选中一块地面，如图 8-7 所示。单击彩色方块，选择红色，再次单击彩色方块，可以看到，

图 8-7 选择地面

地面被替换成了红色，如图 8-8 所示。红地毯就搭建好了。

图 8-8　替换红色

4. 装饰舞台

舞台搭建好了，还可以对舞台进行装饰。按 E 键，在工具栏的“装饰”子菜单下选择“红玫瑰（id:115 Red-Rose）”和“南瓜灯（id:220 Pumpkin-Lantern）”，如图 8-9 所示。右击，在舞台四周放置南瓜灯和玫瑰花，如图 8-10 所示。

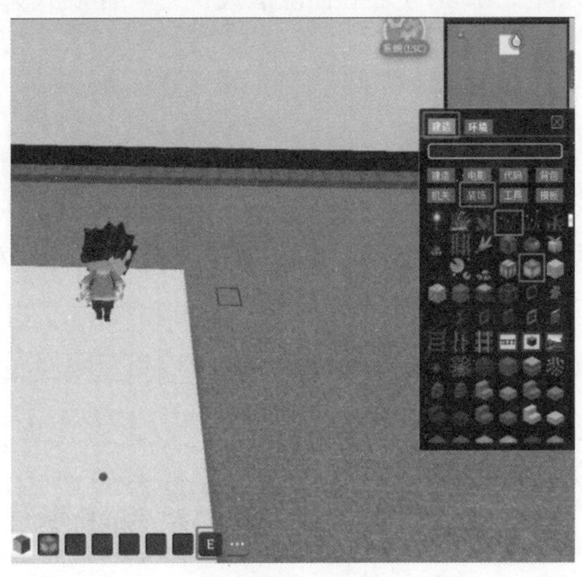

图 8-9　选择方块

图 8-10　装饰舞台

任务 8.2　扩展阅读：舞台知识

舞台是在剧院中为演员表演提供的空间，它可以使观众的注意力集中于演员的表演并获得理想的观赏效果。舞台通常由一个或多个平台构成，有的固定，有的可以升降。舞台的类型有镜框式舞台、伸展式舞台、圆环型舞台和旋转型舞台。

1. 舞台技术

技术进步让传统舞台艺术的表现形式更丰富，技术与艺术的结合形成新的影像艺术。当观众处于一个相对封闭的空间时，可以更加专注地接收演员、舞美、灯光、音乐等剧场信息，沉浸感强；演员和观众之间的交流没有隔阂，甚至可以四目相对，产生高度情感共鸣。线上演出如果仅仅是对舞台的简单录像，就不能让观众获得更多、感受更多，还会损失剧场里的氛围感与共情性。

（1）虚拟技术。

最近几年，虚拟影像技术的普及正在潜移默化地改变着视觉设计行业的运行模式，也给舞台效果的优化、升级带来了极大的市场运营空间。随着 2022 年春节的结束，各大卫视春节联欢晚会（以下简称春晚）落下帷幕，不难看出，“沉浸式”晚会已然成为各大春晚最大的吸睛标签。

AR、VR 等虚拟技术的应用，赋予“沉浸式”舞台更多元的内容形式和更大的想象空间，如图 8-11 所示。XR 扩展现实技术，作为虚拟技术的集大成者，更能真正实现虚实之间的无缝连接，带来极致还原的高端影像视觉体验。最近两年，以 AR/XR 领衔的虚拟现实技术，正在通过更加新颖的内容呈现手段给观众带来身临其境的沉浸式视觉体验，并逐渐成为各大晚会视觉表达的技术“新宠”。

图 8-11　虚拟舞台

（2）720° 弧形屏幕。

在舞美技术上，2022 年中央广播电视总台春晚特别打造 720° 弧形屏幕，如图 8-12 所示。虚拟舞台带给现场观众身临其境的“沉浸式”视觉体验。同时，春晚还融入了 AR 技术、CG 动画制作等多项新技术，以电影化制作呈现出影视大片质感，展现了春晚旺盛的创新活力。据统计，晚会受众总规模达 12.96 亿人。其中，在新媒体端“零距离、更沉浸、耳目一新”的观看体验获总点赞数 3.6 亿次。

多形舞台通常由一个或多个平台构成，它可以使观众的注意力集中于演员的表演并获得理想的观赏效果，如图 8-13 所示。

图 8-12　720° 舞台

图 8-13　多形舞台

（3）沉浸式多维空间。

2022 年河南电视台春晚主题为“虎虎生风中国潮”，在呈现上，主办方将晚会打造成一个“年宇宙”概念，通过科技 + 内容融合的方式，采用多场景空间，改变原有的视觉呈现，打造多维空间结构与艺术装置的组合。通过 AR 技术、CG 动画等多样化的制作形式，使科技与传统深度结合，进入虚拟与现实实景的共同世界。

2. 3 种常见的舞台灯光控制技术

随着各种先进科学技术的发展，舞台表演中使用的各种先进控制技术越来越多，为人们带来了非常特别的视觉盛宴。灯光和声音是舞台效果展现的最佳方式，特别是灯光控制，能够实现对舞台上灯光的有效调节，进而实现对舞台效果的渲染。

（1）原始控制技术。

该控制方式为纯人工控制方式，在舞台的四周布置着各种类型的手动开关，每一个灯的控制都需要人工完成，且要记好灯光开关的时间和顺序，人员的工作量较大。另外，该控制方式需要铺设大量的灯线，不仅工作量大而且不利于舞台的美观。原始控制方式中只能够实现对灯开关的控制，不能够调节灯光的亮度，完全无灯光艺术可言。

（2）模拟灯光控制技术。

随着舞台灯光控制技术的不断发展，特别是自动化和半导体技术的发展，可控硅技术逐渐被应用到舞台灯光明暗的调节过程中，舞台灯光控制进入了模拟灯光控制时期。在控制过程中，调光台利用模拟电子信号，实现对可控硅导通角的控制，从而实现对灯光亮度的控制。该技术在一些中小型的舞台演出中具有较多的应用，为后续数字灯光控制方式的产生奠定了基础。模拟调光方式主要由推杆、调光回路和信号线等部分组成，且需要一一对应。对于一个大型舞台来说，如果需要实现对 500 个灯的控制，那么就需要设计 500 个调光回路，使用 500 个推杆调光台和 500 条信号控制线，这是非常庞大的电路系统，所以该控制方式只能够在小型舞台灯光控制中应用。

（3）数字灯光控制技术。

模拟灯光控制虽然在很大程度上提高了舞台灯光控制的效果，但是距离我们的要求还相差较远，要想实现对整个舞台灯光的完全控制是不太可能的。数字灯光控制是 20 世纪产生的一种先进的灯光控制技术，常采用的技术有 DMX512。它仍然采用可控硅实现对灯光明暗的调节，但是其控制系统演变为一台计算机，信号的传输也只需要一根信号线。数据传输过程中采用多路串行方式，推杆和调光器可以采用多对多的方式。数字化技术的发展大大降低了灯光控制系统中的回路，为大型舞台灯光的设计奠定了基础。数字灯光控制系统跟其他两种控制系统相比，其功能更加强大，能够实现对任何舞台灯光控制系统的控制，且控制精度较高。

DMX 是多路数字传输的英文首字母简写，采用了工业控制标准 EIA485 来实现对灯光信号的传输，在计算机传输过程中通过高低电平进行信息的传播。为了避免数字信号传输过程中受到环境中其他信号的干扰，其传输线路采用了双绞屏蔽线，且不同功能的导线使用不同的颜色，避免线路连接中出现错误。

随着科学技术的发展，舞台灯光控制技术的自动化程度得到了较大的改善，目前正向着网络化和自动化集成的方向发展。网络技术的发展，为舞台灯光控制系统的发展带来了新的契机。

任务 8.3　总结与评价

先分组进行总结，分别说出制作过程及体会，写出书面总结；再互相检查制作结果，集体给每一位同学打分。

1. 任务完成调查

任务完成后，还要进行总结和讨论，教学时印有表 1-1 所示的打分表，可进行自我评价。

2. 行为考核指标

行为考核指标，主要采用批评与自我批评、自育与互育相结合的方法。采用自我考核和小组考核后班级评定的方法。班级每周进行一次民主生活会，就行为指标进行评议，教学时印有表 1-2 所示的评价表，可进行自我评价。

3. 集体讨论题

生活中看到过哪些舞台，是什么样子的？

4. 思考与练习

（1）设计舞台并装饰，与他人分享自己的设计。

（2）讲解并掌握 box 指令的使用方法。

项目 9　白天和黑夜

白天和黑夜是地球上的一种自然现象，是由地球的自转引起的。地球上被太阳照到的地方就是白天，照不到的地方就是黑夜。白天可以看到蓝天和草地，黑夜来临可以看到夜空中的繁星。

任务 9.1　白天与黑夜制作

打开 Paracraft 软件，默认的是白天的场景，学习使用 Paracraft 软件模拟切换白天和黑夜，需要使用代码方块进行编程，下面是步骤和详细解释。

（1）登录软件，按 E 键，选择“代码”方块，如图 9-1 所示。

图 9-1　选择代码方块

（2）右击“代码”方块，选择图块模式，开始编程。

（3）单击“事件”模块，找到“执行命令”程序，在空白处单击，在下拉菜单中找到“改变时间”命令，如图 9-2 所示。

通过“执行命令”积木，可以改变时间，用 −1 到 0 这段时间代表黑夜到白天，0 到 1 代表白天到黑夜。命令后面的椭圆形参数区可以填写数字 −1、0 和 1。

（4）在命令中输入参数 −1，如图 9-3 所示。单击“运行”按钮后观察结果，可以看到界面从白天切换到黑夜场景了，如图 9-4 所示。

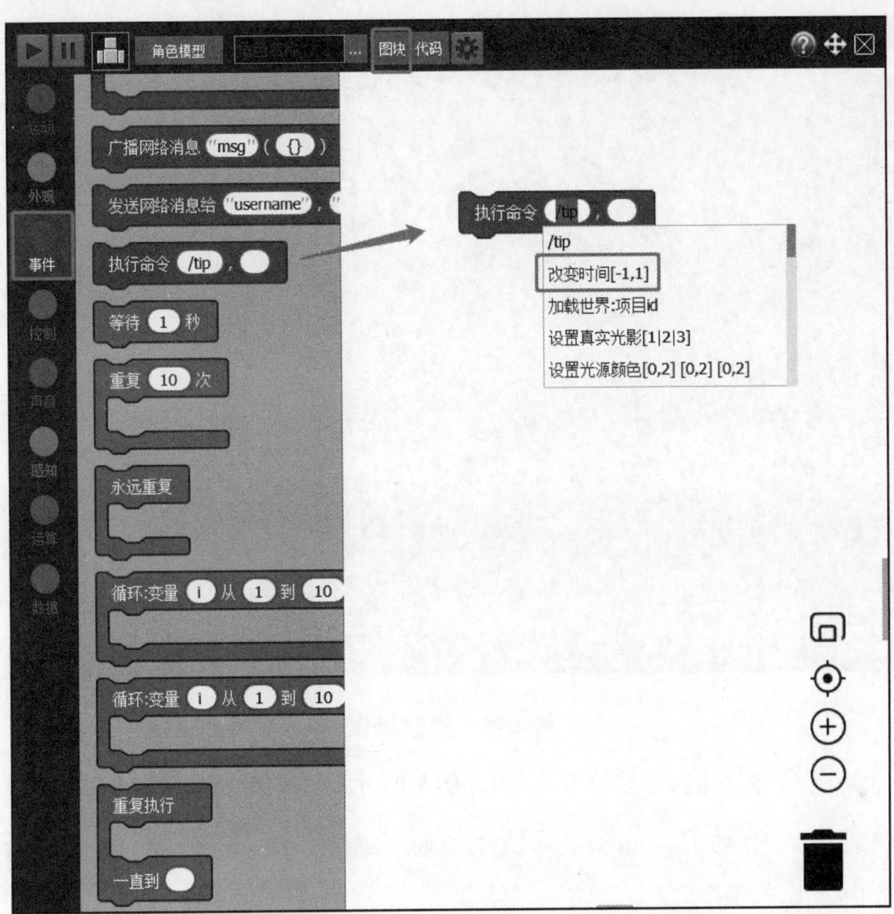

图 9-2　找到执行命令代码

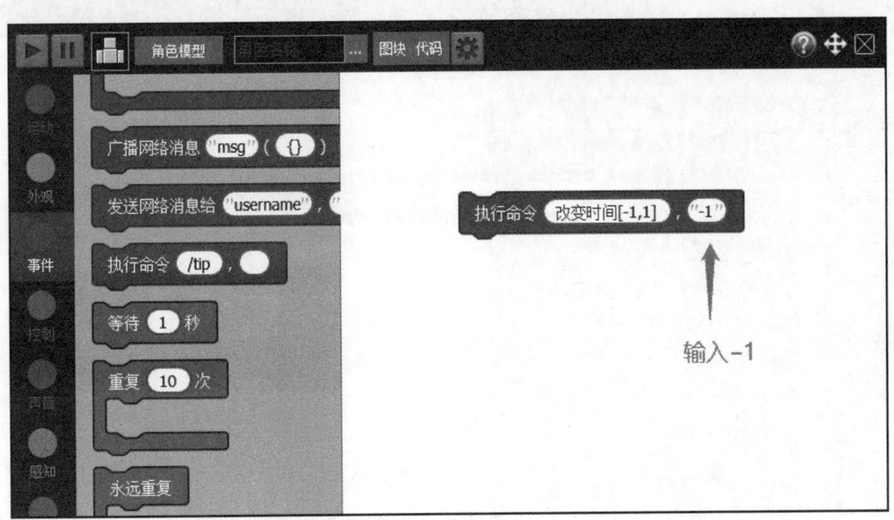

图 9-3　输入数字 -1

图 9-4　黑夜场景

（5）在命令中输入参数 0，如图 9-5 所示。单击“运行”按钮，可以发现切换到白天场景了，如图 9-6 所示。输入参数 1，观察运行效果，可以看到场景再次切换到黑夜。

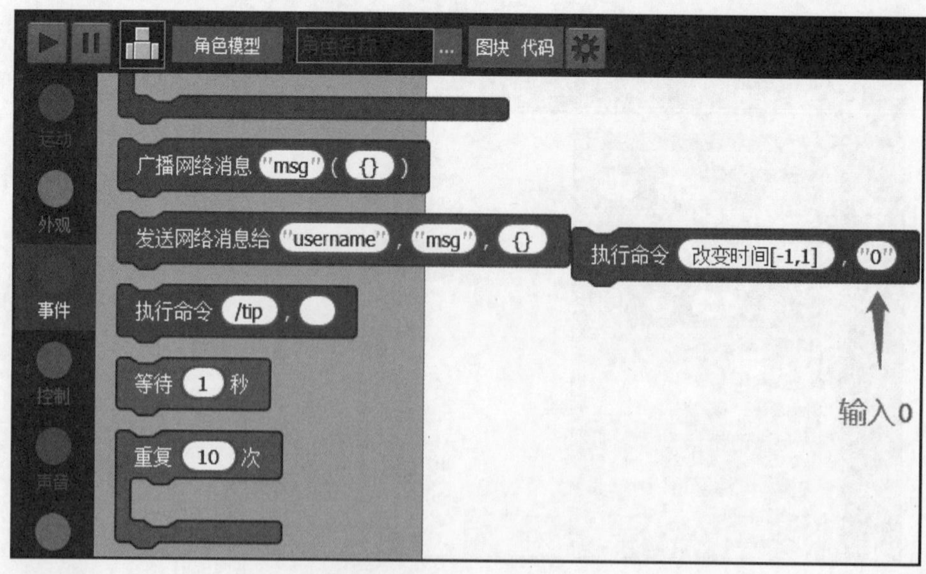

图 9-5　输入数字 0

图 9-6　切换到白天场景

任务 9.2　扩展阅读：天文知识

天文学（Astronomy）是研究宇宙空间天体、宇宙的结构和发展的学科，内容包括天体的构造、性质和运行规律等。天文学是一门古老的科学，自有人类文明史以来，天文学就有重要的地位。

1. 白天与黑夜

太阳每天都在照耀着地球，但因为地球是一个球体，所以太阳只能照亮地球的一半，另一半会面向黑暗，地球被照亮的那一半会是白天，没有被照亮的那一半会是黑夜，如图 9-7 所示。

但是，如果地球和太阳一直保持这种状态的话，那就会对人们的生活造成影响。地球上将会有一半地区一直是白天，而另一半地区一直是黑夜。

图 9-7　白天与黑夜

幸好地球会自转，当地球在自转的时候，黑暗的那一面会慢慢转到能被太阳照亮的地方，光亮的那一面会慢慢转到黑暗里，这样大家的生活中就有了白天和黑夜的变化，如图 9-8 所示，这样就形成了现在的天象，人们可以更好地生产、生活。

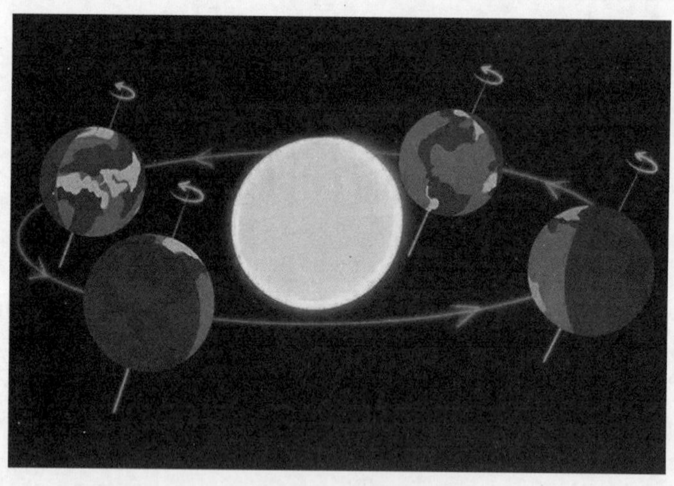

图 9-8　地球自转

2. 宇宙

宇宙（universe）在物理意义上被定义为所有的空间和时间（统称为时空）及其内涵，包括各种形式的所有能量，如电磁辐射、普通物质、暗物质、暗能量等，其中普通物质包括行星、卫星、恒星、星系、星系团和星系间物质等。

宇宙还包括影响物质和能量的物理定律，如守恒定律、经典力学、相对论等。

大爆炸理论是关于宇宙演化的现代宇宙学描述。根据这一理论的估计，空间和时间在 137.99 ± 0.21 亿年前的大爆炸后一同出现，随着宇宙膨胀，最初存在的能量和物质变得不那么密集。最初的加速膨胀被称为暴胀时期，之后已知的四个基本力分离。宇宙逐渐冷却并继续膨胀，允许第一个亚原子粒子和简单的原子形成。暗物质逐渐聚集，在引力作用下形成泡沫一样的结构、大尺度纤维状结构和宇宙空洞。巨大的氢氦分子云逐渐被吸引到暗物质最密集的地方，形成了第一批星系、恒星、行星以及所有的一切。空间本身在不断膨胀，因此当前可以看见距离地球 465 亿光年的天体，因为这些光在 138 亿年前产生的时候距离地球比当前更近。

虽然整个宇宙的大小尚不清楚，但可以测量可观测宇宙的大小，估计其直径为 930 亿光年。在各种多重宇宙论中，一个宇宙是一个尺度更大的多重宇宙的组成部分之一，各宇宙本身都包括其所有的空间和时间及其物质。

随着巡天观测技术水平的逐步提高，人类不断尝试绘制整个宇宙的全貌。2021 年 1 月 14 日，国家天文台北京 - 亚利桑那巡天（BASS）团队和暗能量光谱巡天（DESI）团队联合发布了最新巨幅二维宇宙地图。

任务 9.3 总结与评价

先分组进行总结，分别说出制作过程及体会，写出书面总结；再互相检查制作结果，集体给每一位同学打分。

1. 任务完成调查

任务完成后，还要进行总结和讨论，教学时印有表 1-1 所示的打分表，可进行自我评价。

2. 行为考核指标

行为考核指标，主要采用批评与自我批评、自育与互育相结合的方法。

采用自我考核和小组考核后班级评定的方法。班级每周进行一次民主生活会，就行为指标进行评议，教学时印有表 1-2 所示的评价表，可进行自我评价。

3. 集体讨论题

只使用数字 0 和 1 能实现白天和黑夜的切换吗？

4. 思考与练习

（1）编写程序自动切换白天和黑夜。

（2）讲述为什么会有白天和黑夜。

项目 10　危险的 TNT

TNT 是一种烈性炸药，可用于水下引爆。与硝化甘油不一样，它对摩擦、震动不敏感，即使受到枪击也不容易爆炸，因此，需要使用雷管来引爆，爆炸后会产生有毒气体。本项目使用 Paracraft 模拟炸药炸毁一堵墙。

任务 10.1 爆　　炸

在 Paracraft 里，有一个特殊的方块，叫作 TNT 炸药，当它被点燃，会在四周炸出一个坑，且无法撤销。本次任务将使用这个特殊的方块模拟炸掉一面墙的效果。

10.1.1 爆炸效果制作思路

首先搭建一堵墙，再将炸药包放在墙根下，用多个 TNT 相配合，当单击按钮时，引爆一个“TNT 炸药”，进而引爆所有的“TNT 炸药”，爆炸时观察墙炸裂的震撼效果。按图 10-1 所示的顺序进行制作。

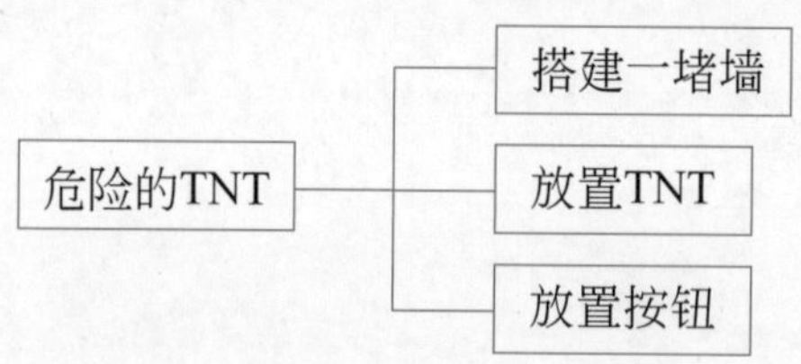

图 10-1　危险的 TNT 思维导图

10.1.2 开始制作

根据思维导图，按照下面的步骤分步制作。

1. 搭建一堵墙

在“建造”模块下找到“地基石 id：155”，根据前几节课学习的搭建方法，搭建一堵墙，如图 10-2 所示。

2. 放置 TNT 炸药

（1）选择“机关”，找到 TNT 方块并单击，如图 10-3 所示。在墙角下，每隔一个地基方块放置 1 个 TNT 方块。

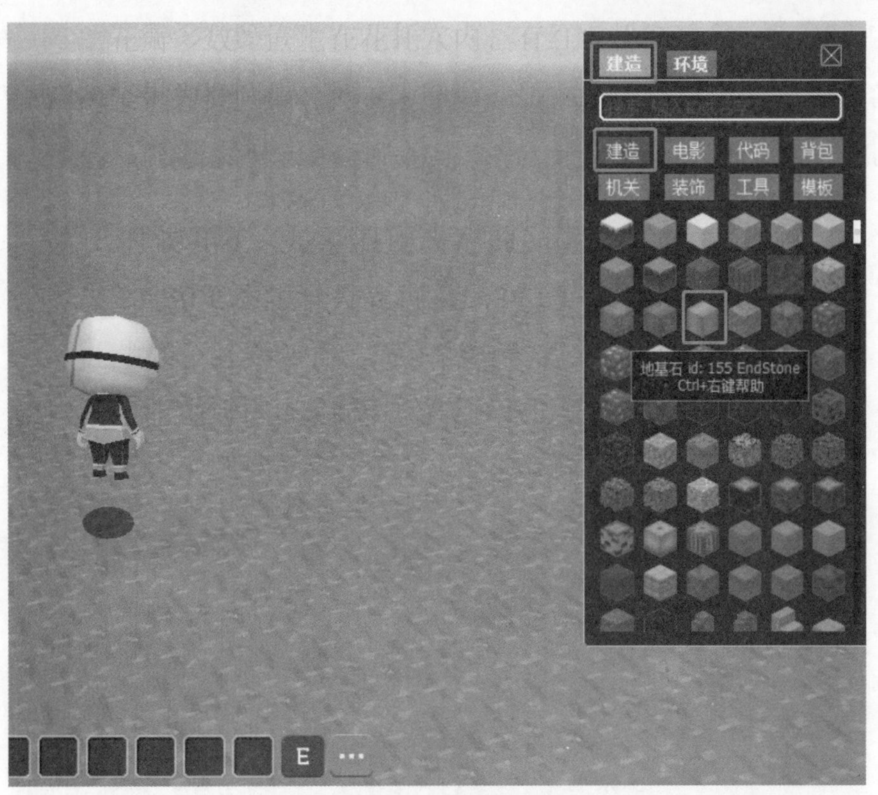

图 10-2　选择方块

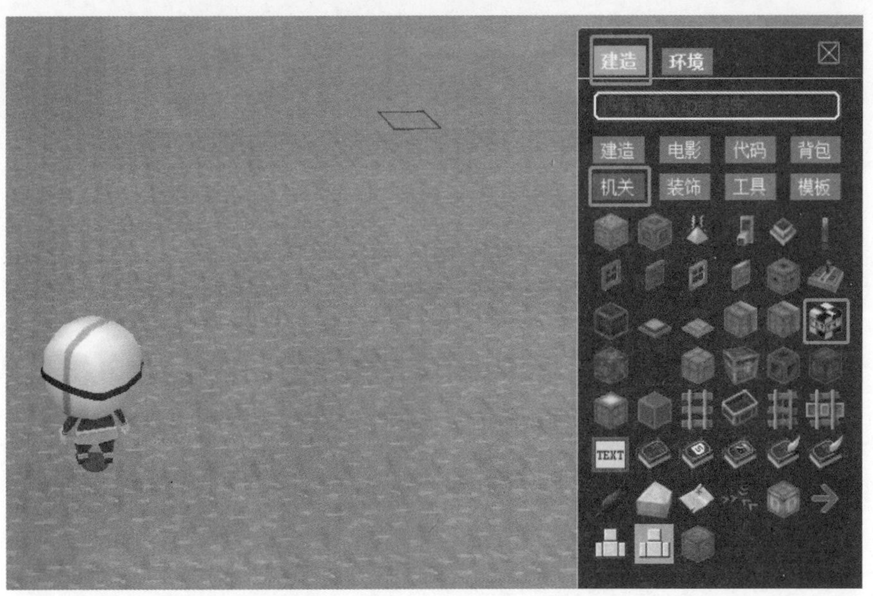

图 10-3　找到 TNT 方块

（2）按住 Ctrl 键，使用鼠标左键点选底部的 TNT 炸药方块，选择蓝色轴（Y 轴）进行拉升，如图 10-4 所示。在弹出的“属性”窗口中选择“复制”单选按钮，单击“确定”按钮，完成后如图 10-5 所示。重复上面的操作，将 TNT 方块铺满整个墙面，如图 10-6 所示。

图 10-4　选择 TNT 方块

图 10-5　批量复制第二排

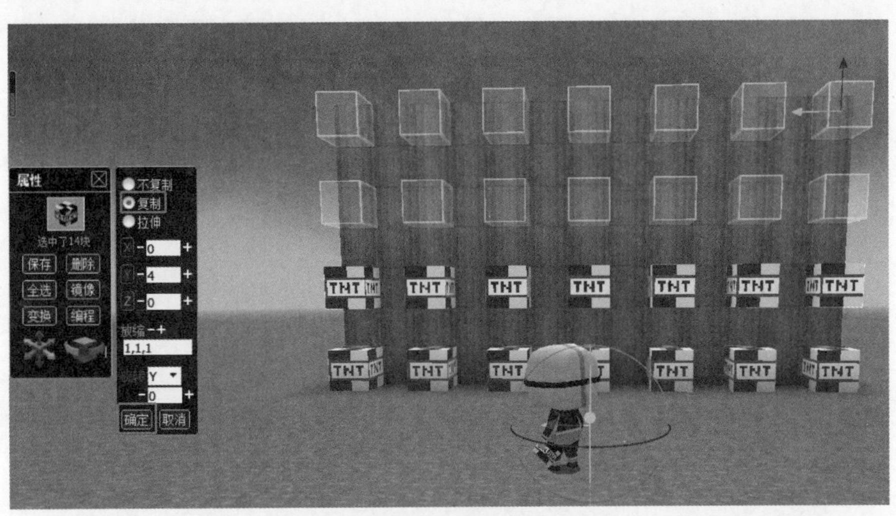

图 10-6　批量复制完成

（3）转动视角，在墙的另一边也安装 TNT 炸药方块，如图 10-7 所示。在炸药方块两边加上地基石块，成为组合，如图 10-8 所示。

图 10-7　背面安装炸药方块

（4）选中图 10-8 中的 TNT 方块组合，将其整体向上移动。选择蓝色轴（Y 轴）向上拉伸，在“属性”窗口中选择“不复制”单选按钮，并单击“确定”按钮，如图 10-9 所示。拉伸到适当的位置，完成后如图 10-10 所示。

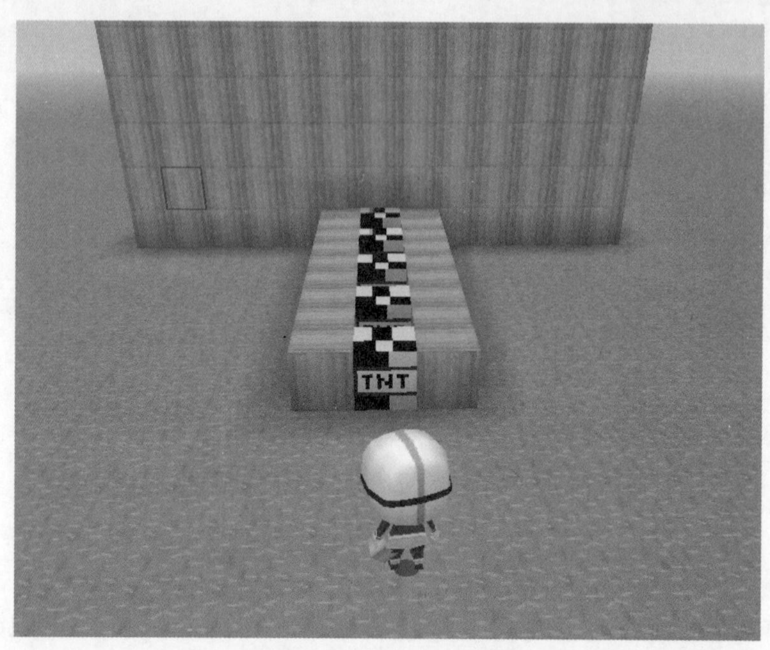

图 10-8 加上地基石块

图 10-9 选择“不复制”

（5）打开工具栏，在“机关”分类中选择“按钮 id：105”，如图 10-11 所示。

（6）将按钮放置到离 TNT 方块较近的位置，单击按钮方块，可以看见所有的 TNT 相互引爆，并且炸毁了墙面，如图 10-12 所示。

图 10-10　移动基石

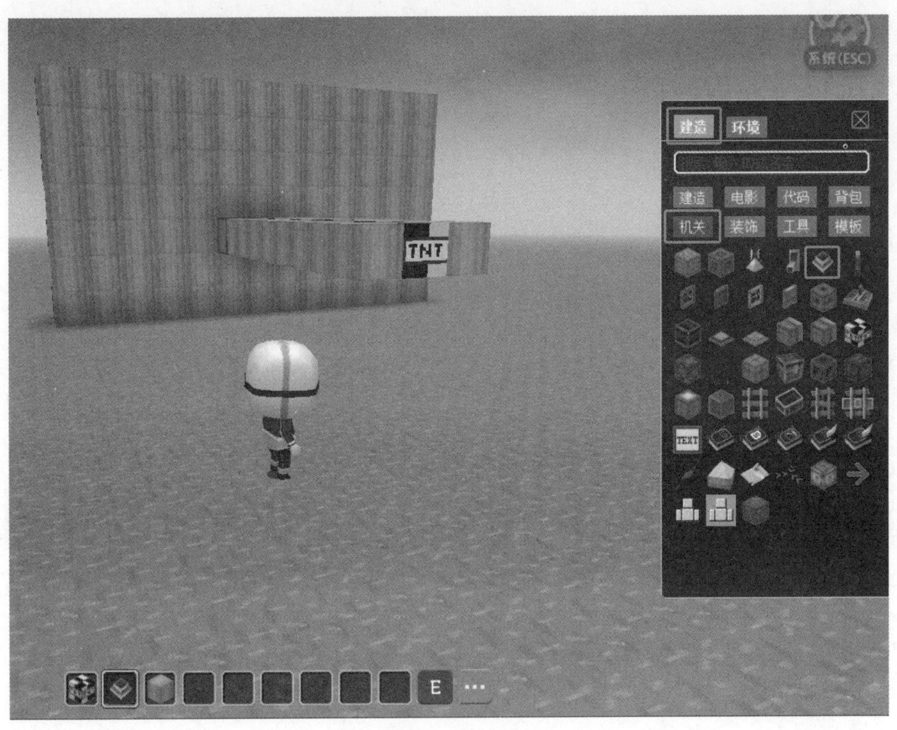

图 10-11　安装按钮

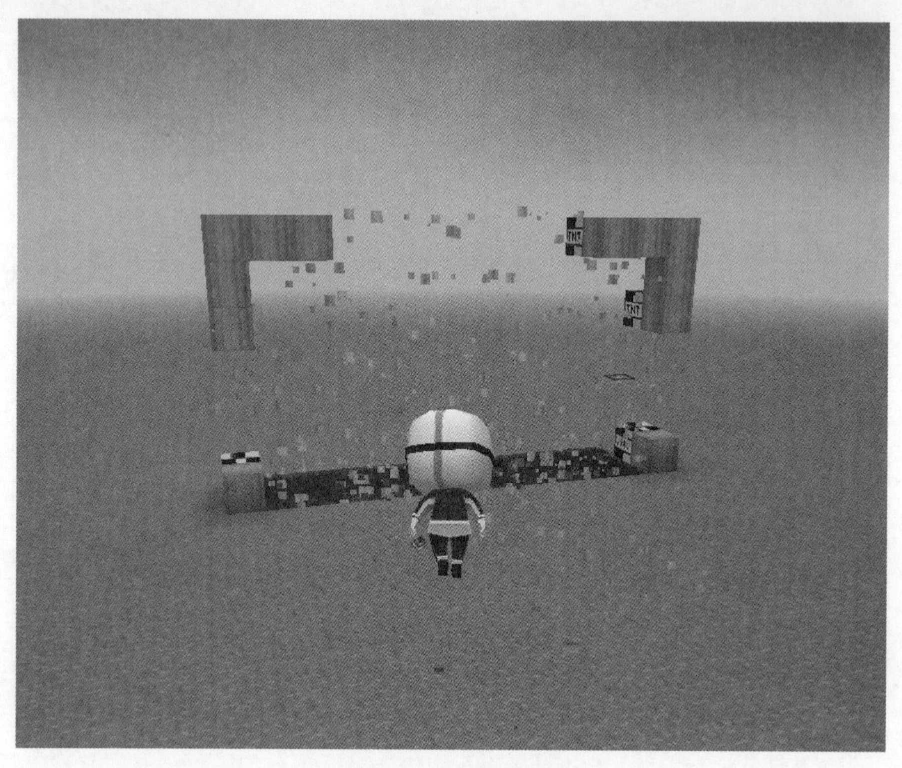

图 10-12　最终效果

任务 10.2　扩展阅读："炸药大王"诺贝尔

1896 年 12 月 10 日，是瑞典科学家阿尔弗雷德 · 贝恩哈德 · 诺贝尔逝世的日子。每年的这一天，在瑞典斯德哥尔摩市都会举办盛大的诺贝尔奖颁奖典礼，每一位获奖者都会成为全世界关注的焦点。时至今日，诺贝尔奖已经被公认为科学研究领域的至高荣誉。

诺贝尔一生获得发明专利 355 项，其中仅炸药类的发明专利就达 129 项，被誉为"炸药大王"。他在去世时，个人财产达 3000 多万克朗，但他没有将财产全部留给亲人，而是写下一份遗嘱，将财产设立为奖励基金，也就是今天的诺贝尔奖。

诺贝尔曾说："科学研究的进展及日益扩充的领域将唤起大家的希望。"他坚持探索、追求真理的科研精神，实现了"科学无国界"的伟大理想，也激励着更多的人为科研事业而不懈奋斗。他曾说："科研道路上的每一丝获得都如同在废墟中等待萌芽"。

小时候，诺贝尔特别欣赏军人身上那种刚毅与勇敢的特质，渴望驰骋沙场，成为英雄。但因体弱多病，他始终未能实现自己的军旅梦。后来，诺贝尔将目光转向科研战场。与真实战场相比，他所从事的科研工作更是硝烟弥漫、鲜血淋漓。

1864 年夏秋之交的一天，寂静的斯德哥尔摩市郊突然响起一连串震耳欲聋的爆炸声，滚滚浓烟冲上云霄，巨大的火光将厂房瞬间吞噬。这间厂房正是诺贝尔的实验室，事故的原因是在开展硝化甘油实验时发生了爆炸。后来，人们从瓦砾堆中找出 5 具尸体，其中 1 位是诺贝尔正在大学读书的弟弟，另外 4 位是和他朝夕相处的助手。突如其来的噩耗，使诺贝尔陷入深深的自责。亲人和朋友的不幸离世，并没有让诺贝尔一蹶不振，反而激发了他的斗志。

当时，炸药爆炸威力巨大，让人们心生恐惧，几乎所有人都反对诺贝尔继续开展实验，瑞典政府甚至禁止他重建实验室。无奈之下，诺贝尔租了一艘大船，在远离市区的马拉仑湖上建造了"第二个实验室"。

由于硝化甘油的不稳定性，运输过程中的碰撞又一次引起爆炸。当时，炸药爆炸事故的消息接二连三地从世界各地传来，引起了世人的极度恐慌，有的人甚至称诺贝尔是"贩卖死亡的商人"。从那以后，各国纷纷严禁生产、销售和运输硝化甘油。

为了控制炸药的"暴脾气"，诺贝尔决定改进生产工艺，研制一种性能安全可靠的新型炸药。走别人没有走过的路，只有亲身经历过的人，才能真正体会到底有多难。随时可能爆炸的炸药如同一把锋利的匕首，每分每秒都抵着诺贝尔的脖颈，威胁着他的生命。在一次实验中，为了观察炸药的爆炸情况，诺贝尔一动不动地站在跟前，双眼紧盯着燃烧的导火线。忽然，"轰"的一声巨响，浓烟从实验室向外迅速涌出。过了一会儿，诺贝尔从地上挣扎着爬了起来，凌乱的衣服上布满血迹，他却高举双手呼喊："成功了！成功了！"那一刻，诺贝尔根本顾不上自己的安危，他心里装着的只有"每次实验后的数据"。伟大发明家诺贝尔的画像如图 10-13 所示。

图 10-13　诺贝尔画像

任务 10.3　总结与评价

先分组进行总结，分别说出制作过程及体会，写出书面总结；再互相检查制作结果，集体给每一位同学打分。

1. 任务完成调查

任务完成后，还要进行总结和讨论，教学时印有表 1-1 所示的打分表，可进行自我评价。

2. 行为考核指标

行为考核指标，主要采用批评与自我批评、自育与互育相结合的方法。采用自我考核和小组考核后班级评定的方法。班级每周进行一次民主生活会，就行为指标进行评议，教学时印有表 1-2 所示的评价表，可进行自我评价。

3. 集体讨论题

制作的爆炸效果可能会出现有些墙体没有被炸毁的现象，讨论如何避免这一现象。

4. 思考与练习

（1）使用“机关”分类中的告示牌方块，在爆炸区设置危险标识。

（2）讲解 TNT 方块功能，写出 TNT 方块使用方法。

项目 11　荷　　塘

“泉眼无声惜细流，树阴照水爱晴柔。小荷才露尖尖角，早有蜻蜓立上头。”看见这首描写荷塘的诗，脑海里便会浮现一幅夏日荷塘的画面。本项目使用 Paracraft 搭建一个“荷塘”。

任务 11.1 荷塘制作

设计搭建一个荷塘，在开始搭建前，可以想想荷塘是什么样子的，先构思，再做好规划，最后动手制作。本次任务学习使用 ring 指令、水方块、荷叶方块等内容。

11.1.1 荷塘制作思路

首先需要搭建一个荷塘，形状类似于一个圆环，当然水塘里面还有水和荷叶,思维导图如图 11-1 所示。制作的先后次序很关键,逻辑不对,前功尽弃，本项目必须先搭建荷塘，再放满水，然后放置荷叶，最后美化。读者可以试着不按这个次序搭建，总结会出现什么问题。

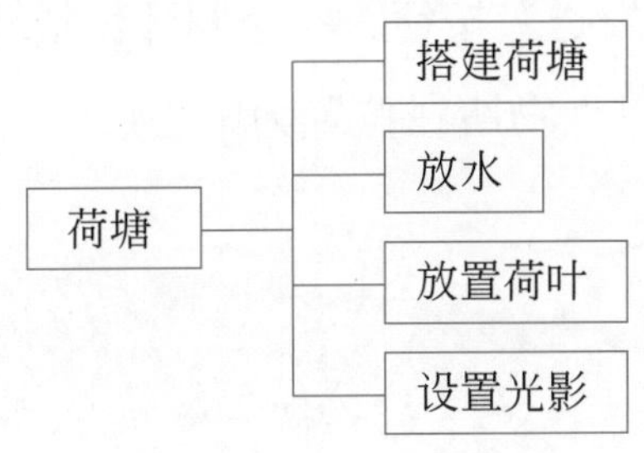

图 11-1 荷塘思维导图

11.1.2 开始制作

根据思维导图，结合之前学的内容，按照顺序自己先做一下。看看哪一步是无法解决的，再查看步骤及详细解释。

1. 搭建圆形荷塘

搭建荷塘时，荷塘的中间是空的，可以用一个新的圆环指令 ring。

（1）新建世界，找到一片空地，按 E 键，在工具栏的“建造”选项卡选择“碎冰（id:28 BrokenIce）”，如图 11-2 所示。

图 11-2　选择方块

（2）按 / 键，输入指令 ring，按空格键，输入 5，5 代表圆环的半径，如图 11-3 所示，单击“发送”按钮，一个圆环就搭建好了，如图 11-4 所示。搭建时需注意，圆环是以人物所在位置为中心点。

图 11-3　输入指令

图 11-4 搭建圆环

2. 给荷塘放水

搭建好荷塘后，需要给荷塘放水，按 E 键，在工具栏的“建造”选项卡选择“水（id:75 Water）”，如图 11-5 所示。

图 11-5 选择方块

右击，在荷塘中放置水方块，水会迅速蔓延开，如图 11-6 所示。如果水没有满，需要再次放置水方块，直到荷塘被放满水，如图 11-7 所示。

图 11-6　放置水方块

图 11-7　荷塘放满水

3. 放置荷叶

按 E 键，在工具栏的“装饰”选项卡选择“睡莲（id:222 lilyPad）”，如

图 11-8 所示。右击，在荷塘放置合适数量的荷叶，如图 11-9 所示。

图 11-8　选择睡莲方块

图 11-9　放置荷叶

4. 设置光影

按 E 键，在工具栏里的“环境”选项卡选择“真实光影”，选择“开启”，如图 11-10 所示。可以看到水面波光粼粼，荷叶也摇曳起来，效果更加真实了，如图 11-11 所示。

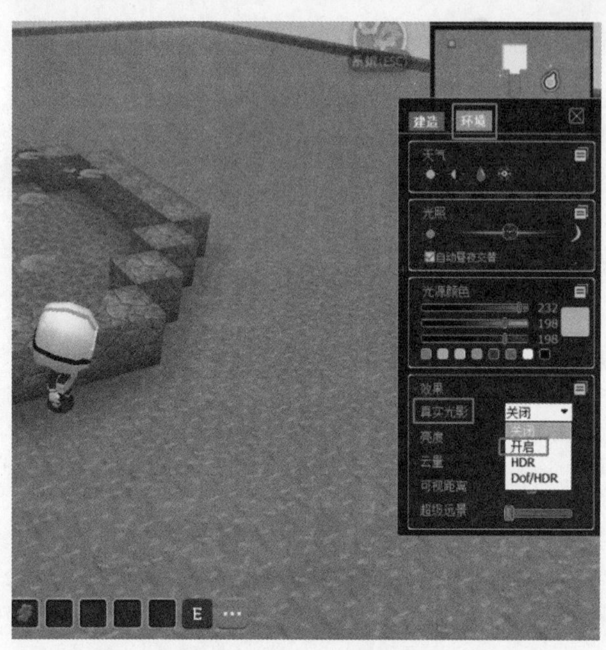

图 11-10 开启光影

图 11-11 真实光影

任务 11.2 扩展阅读：荷花知识

荷花是一种多年生水生草本花卉，属山龙眼目、莲科，是莲属中两个物种“莲花”和“黄莲花”及众多人工培育品种的通称。花期为 6~9 月，单生

于花梗顶端，花瓣多数，嵌生在花托穴内，有红、粉红、白、紫等色，或有彩纹、镶边。坚果为椭圆形，种子为卵形。

1. 为什么荷花只在夏天开放

荷花什么时候开花，是受温度决定的。荷花在 8~10℃萌芽，14℃藕鞭开始伸长，23~30℃为生长发育温度，28℃以上开花，35℃以上生长缓慢，40℃停止生长，甚至死亡。而在中国大部分地区，春季温度才能达到 8~10℃，夏季才能达到其开花温度。在海南和东南亚地区，冬春季为其适宜生长期，荷花就会在当地的春季开放。开花时的荷塘如图 11-12 所示。

图 11-12 开花时的荷塘

2. 荷叶效应

水滴落在荷叶上会形成近似圆球形的白色透明水珠，滚来滚去而不浸润，如图 11-13 所示。在荷叶上，“大珠小珠落玉盘”，别有一番情致。可是荷叶不沾水的奥秘是什么呢？原来，在荷叶的上表面布满非常多微小的乳突（见图 11-14），乳突的平均大小为 6~8μm，平均高度为 11~13μm，平均间距为 19~21μm。在这些微小乳突之中还分布一些较大的乳突，平均大小为 53~57μm，它们由 6~13μm 大小的微型突起聚在一起构成。乳突的顶端均呈扁平状且中央略微凹陷。这种乳突结构用肉眼以及普通显微镜是很难察觉的，通常被称作多重纳米和微米级的超微结构。

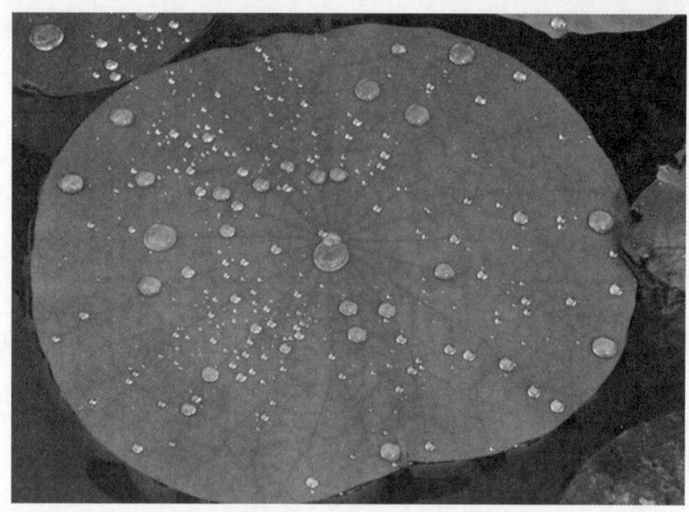

图 11-13　荷叶表面的水珠

图 11-14　显微镜下荷叶表面的乳突

这些大大小小的乳突在荷叶表面上犹如一个挨一个隆起的“小山包”，“小山包”之间的凹陷部分充满空气，这样就在紧贴叶面上形成一层极薄、只有纳米级厚的空气层。水滴最小直径为 1~2mm（1mm=1000μm），这相比荷叶表面上的乳突要大得多，因此雨水落到叶面上后，隔着一层极薄的空气，只能同叶面上“小山包”的顶端形成几个点的接触，从而不能浸润到荷叶表面上。水滴在自身表面张力作用下形成球状体，水球在滚动中吸附灰尘，并滚出叶面，从而达到清洁叶面的效果。这种自洁叶面的现象被称作“荷叶效应”。

研究表明，这种具有自洁效应的表面超微纳米结构形貌，不仅存在于荷叶中，也普遍存在于其他植物中。某些动物的皮毛中也存在这种结构。这种精细的超微纳米结构，不仅有利于自洁，还有利于防止对大量飘浮在大气中的各种有害的细菌和真菌对植物的侵害。

当今，仿生荷叶的技术已经渗透到了纺织、化工等诸多社会行业，很多企业开发了一些仿荷叶的纳米材料和产品，如荷叶织物、荷叶防水漆、荷叶防水玻璃等。可以预见，将来会有越来越多的“荷叶效应”产品出现，更好地改善人们的生活。

任务 11.3　总结与评价

先分组进行总结，分别说出制作过程及体会，写出书面总结。再互相检查制作结果，集体给每一位同学打分。

1. 任务完成调查

任务完成后，还要进行总结和讨论，教学时印有表 1-1 所示的打分表，可进行自我评价。

2. 行为考核指标

行为考核指标，主要采用批评与自我批评、自育与互育相结合的方法。采用自我考核和小组考核后班级评定的方法。班级每周进行一次民主生活会，就行为指标进行评议，教学时印有表 1-2 所示的评价表，可进行自我评价。

3. 集体讨论题

上网搜索 Paracraft 软件各下拉菜单的基本功能，并进行思维导图式讨论。

4. 思考与练习

（1）设计其他样式的荷塘并装饰。

（2）为荷塘外围添加装饰。

项目 12 秘 密 花 园

小乐去姑姑家玩，姑姑家把阳台做成了一个小花园，小乐很喜欢这个小花园，决定给自己也做一个秘密花园。下面就和小乐一起做个秘密花园吧。

任务 12.1 秘密花园制作

大家可以收集网上的一些花园图片，研究建设花园的一般规律，总结苏州园林、皇家园林的特点，再制作属于自己的秘密花园。下面介绍制作花园的具体方法。

12.1.1 制作思路

本项目从效果来说主要分为 3 部分：第 1 部分要把花园搭建好，从搭建地基开始；第 2 部分做好花园的围栏装饰；第 3 部分制作一个人物在里面种植树木，完成全部的动画编程。思维导图如图 12-1 所示。

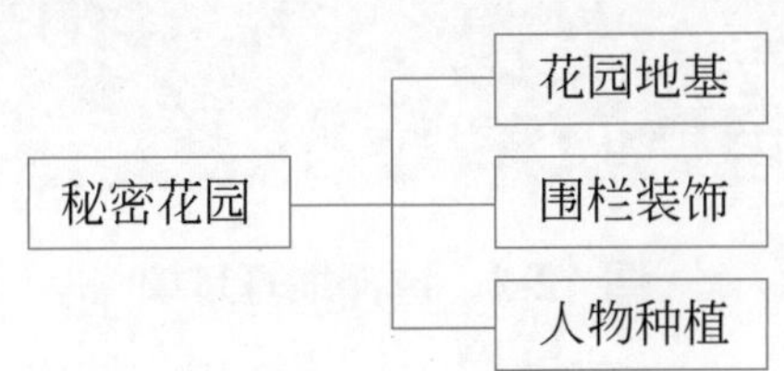

图 12-1 秘密花园思维导图

12.1.2 开始制作

根据思维导图，大家先想想那些步骤用什么代码做最好，做的过程中哪些问题是大家可能会碰见的。下面根据思维导图给大家提供一个制作范例。

1. 制作花园地基

花园地基的制作并不困难，在之前的课程中介绍过类似的建筑。

（1）单击工具栏，选择“建造”选项卡，选择自己喜欢的地基方块，如图 12-2 所示。

（2）做好花园的底座，用 Ctrl 键 + 鼠标左键点选全部，单击 Y 轴（蓝色轴）往上拉伸一层。选择“复制”单选按钮，单击“确认”按钮，如

图 12-3 所示。

图 12-2　选择地基方块

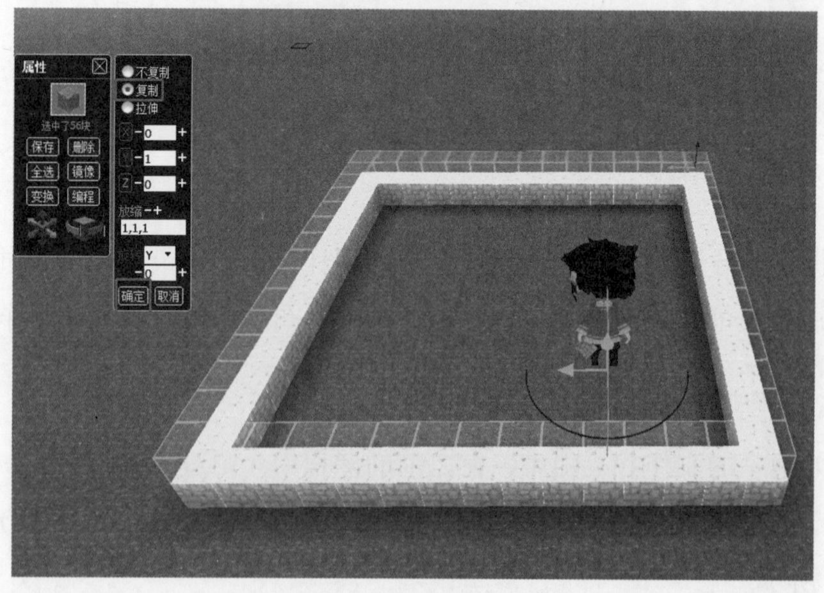

图 12-3　选中并拉伸

（3）花园地基完成，如图 12-4 所示。

图 12-4 花园的地基完成

2. 装饰花园

可以用围栏等方块做出自己想要的样子

（1）在工具栏里选择“装饰”选项卡中的“栏杆”，如图 12-5 所示。

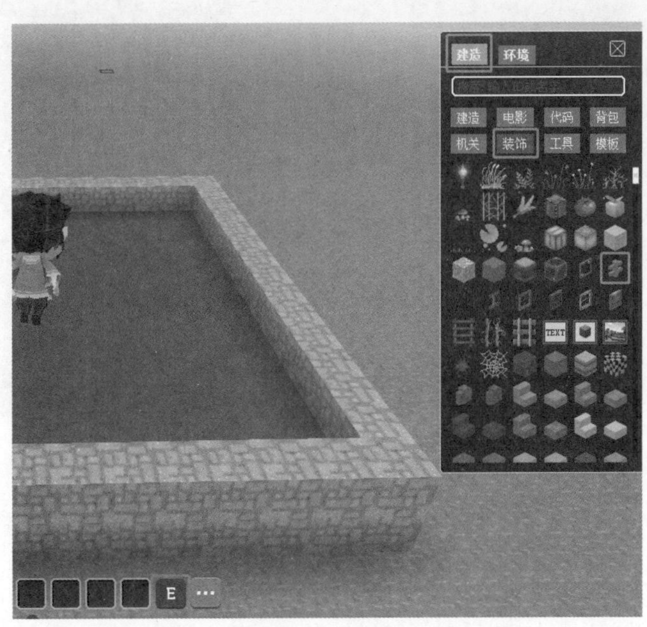

图 12-5 选择栏杆

（2）搭建围栏，如图 12-6 所示。

图 12-6　搭建围栏

3. 人物编程

（1）选择代码方块，放置在合适的位置，右击，选择“图块”，开始进行编程，如图 12-7 所示。

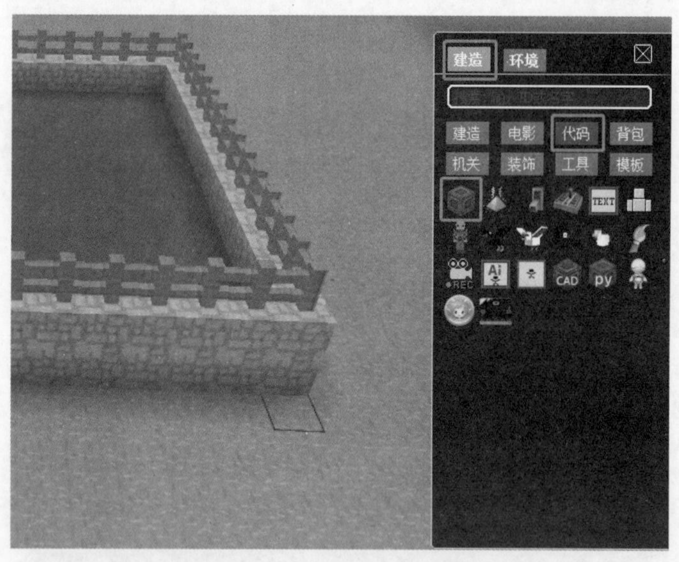

图 12-7　放置代码方块

（2）单击“角色模型”，选择自己喜欢的人物角色，单击鼠标中键滚轮，可以移动人物角色的位置，如图 12-8 所示。

（3）编辑代码，主要是让人物角色重复地放玫瑰花，这里用到重复执行 11 次，每次前进一步就要根据当时人物的坐标放置一个玫瑰花方块，如图 12-9 所示。

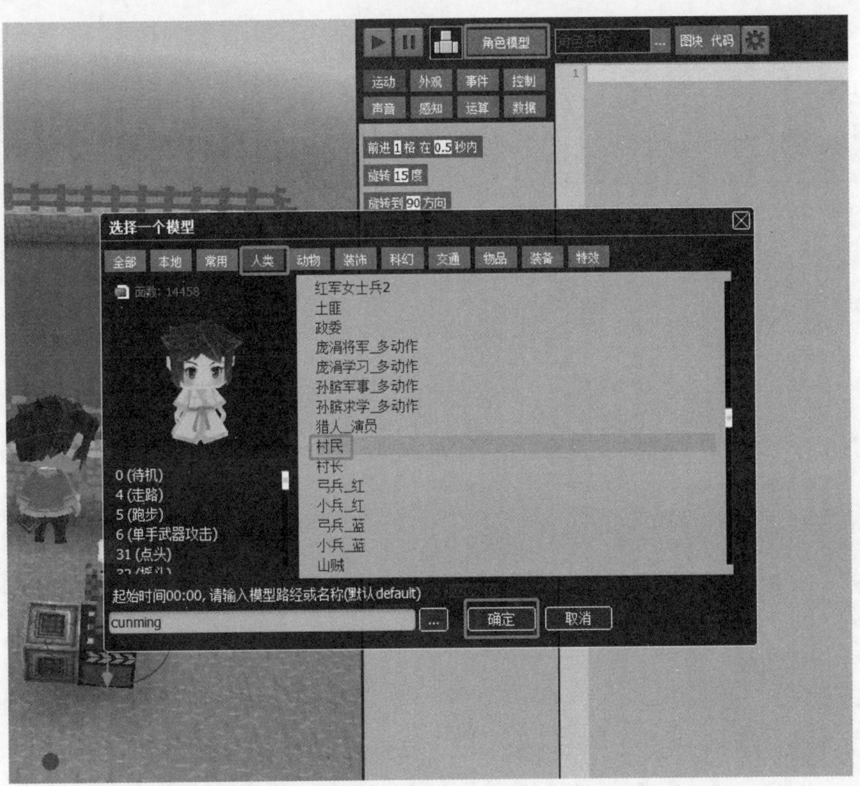

图 12-8 选择合适的人物

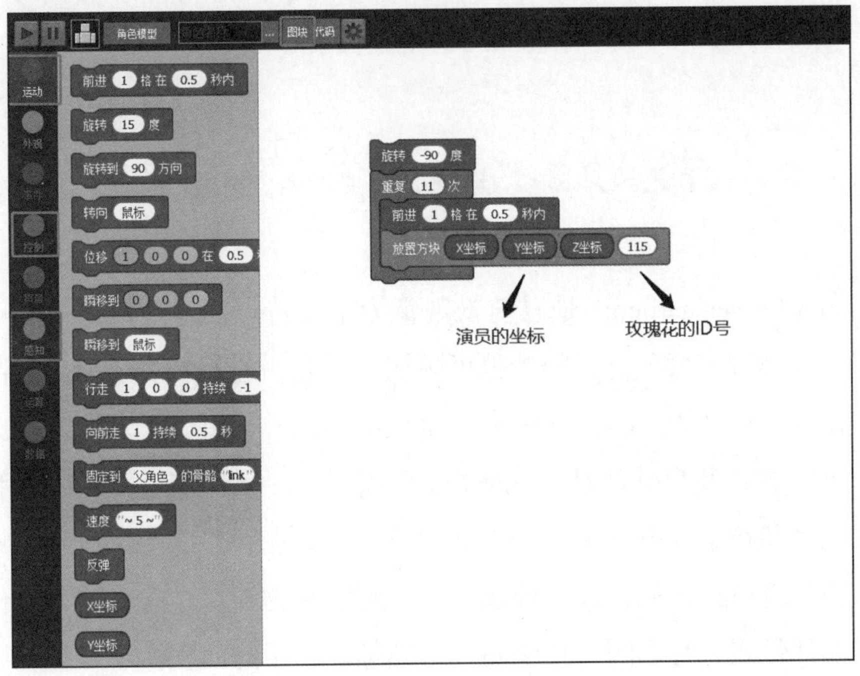

图 12-9 编辑代码

（4）单击“运行”按钮，查看最终的效果，如图 12-10 所示。

图 12-10　最终效果

任务 12.2　扩展阅读：花园知识

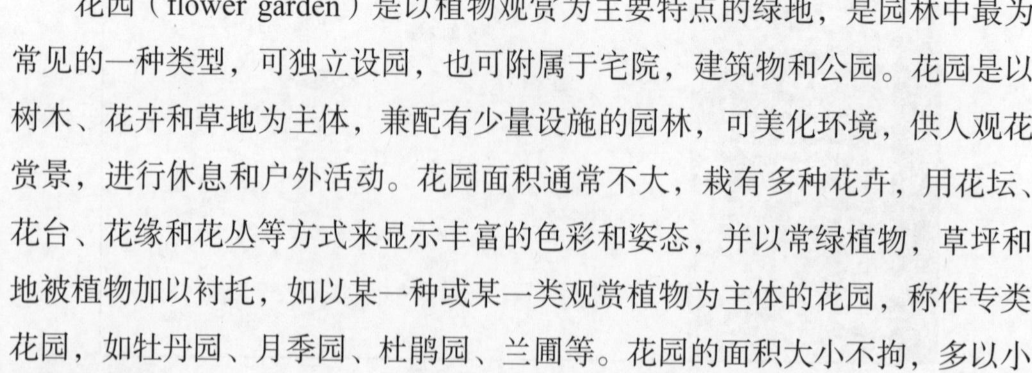

花园（flower garden）是以植物观赏为主要特点的绿地，是园林中最为常见的一种类型，可独立设园，也可附属于宅院，建筑物和公园。花园是以树木、花卉和草地为主体，兼配有少量设施的园林，可美化环境，供人观花赏景，进行休息和户外活动。花园面积通常不大，栽有多种花卉，用花坛、花台、花缘和花丛等方式来显示丰富的色彩和姿态，并以常绿植物，草坪和地被植物加以衬托，如以某一种或某一类观赏植物为主体的花园，称作专类花园，如牡丹园、月季园、杜鹃园、兰圃等。花园的面积大小不拘，多以小巧精致取胜。

1. 花园风格

花园的平面布置形式有规则式、自然式和混合式 3 种。

花园选用的植物种类因地区和民族传统而异。花园设计特别要重视观赏植物配置，首先必须符合因地制宜、顺应自然的原则，并考虑到长远效果。园中要有可供宿根花卉、球根花卉和一二年生花卉生长的空间，但一二年生花卉的比重不宜过大。在选择乔木、灌木时，植株的大小和数量应同花园的空间相适应。如在不足 1000m^2 的小花园内种植将来长成 30m 高和 41m 宽的丛林会显得拥塞，而种植一株或几株观赏樱花或碧桃却使人赏心悦目。其次，要考虑到植物的色彩和组合的形式美。花园中常利用花坛、花台、花缘和花丛以集中表现观赏植物的丰富多彩，以及植株姿态和叶形的对比调和。要重视草坪和地被植物的种植，避免露土。最后，还要考虑花园建成后便于管理，以节省人力、物力。此外，巧妙地运用其他园林素材，如园亭、园廊、花架、山石、喷泉、水池和雕塑等组成园林小景，可增加花园的艺术魅力，力求做到“园中有景皆入画，一年无时不看花”。

花园风格可分为中式、传统日式、简约日式、东南亚式、传统英式、自然英式、法式、西班牙式、美式、地中海式等。

屋顶花园是建筑在屋顶上的花园，对于改善城市环境，充分利用空间非常有帮助。屋顶花园的设计和建造要巧妙利用主体建筑物的屋顶、平台、阳台、窗台、女儿墙和墙面等开辟绿化场地，并使之有园林艺术的感染力。屋顶花园不但降温隔热效果优良，而且能美化环境、净化空气、改善局部小气候，还能丰富城市的俯仰景观，能补偿建筑物占用的绿化地面，大大提高了城市的绿化覆盖率，是一种值得大力推广的屋面形式。

在设计屋顶花园的同时要考虑屋顶的承重和防水、渗水设计。任何屋顶的承重力度均在建筑设计规范中，无论什么形式的绿化园艺园林，在设计前要考虑好承重问题。防水和渗水设计同样重要，防水的主要作用是保护建筑体本身，渗水是能让植物更好地吸收水分。

2. 苏州园林

苏州古典园林，亦称“苏州园林”，是位于江苏省苏州市境内的中国古典园林的总称。苏州古典园林溯源于春秋，发展于晋唐，繁荣于两宋，全盛于明清。苏州素有“园林之城”的美誉，境内私家园林始建于公元前 6 世纪，清末时城内外有园林 170 多处，现存 50 多处。

苏州古典园林宅园合一，可赏，可游，可居。这种建筑形态的形成，是在人口密集和缺乏自然风光的城市中，人类依恋自然、追求与自然和谐相处、美化和完善自身居住环境的一种创造。苏州古典园林所蕴含的中华哲学、历史、人文习俗是江南人文历史传统、地方风俗的一种象征和浓缩，展现了中国文化的精华，在世界造园史上具有独特的历史地位和重大的艺术价值。以拙政园、留园为代表的苏州古典园林被誉为“咫尺之内再造乾坤”，是中华园林文化的翘楚和骄傲。

苏州的造园专家运用独特的造园手法，在有限的空间里，通过叠山理水，栽植花木，配置园林建筑，并用大量的匾额、楹联、书画、雕刻、碑石、家具陈设和各式摆件等来反映古代哲理观念、文化意识和审美情趣，从而形成充满诗情画意的文人写意山水园林，使人“不出城廓而获山水之怡，身居闹市而得林泉之趣”，达到“虽由人作，宛若天开”的艺术境地。苏州古典园林是文化意蕴深厚的“文人写意山水园”。其建筑布局、结构、造型及风格，都巧妙地运用了对比、衬托、对景、借景以及尺度变换、层次配合和小中见大、以少胜多等种种造园艺术技巧和手法，将亭、台、楼、阁、泉、石、花、木组合在一起，在城市中创造出人与自然和谐的居住环境，构成了苏州古典园林的总体特色。苏州古典园林占地面积小，采用变换无穷、不拘一格的艺术手法，以中国山水花鸟的情趣，寓唐诗宋词的意境，在有限的空间内点缀假山、树木，安排亭台楼阁、池塘小桥，使苏州古典园林以景取胜，景因园异，给人以小中见大的艺术效果。

3. 花的生长过程

（1）发芽阶段。

花朵在生长过程中最先经历的就是发芽阶段，为了促使种子更好地萌发，必须提供适宜生长的环境，保证水分、温度适宜。此外，在播种之前建议先催芽处理，这样可提高出芽率，出芽速度更快。

（2）苗期。

一旦花的叶子开始开放就说明苗期开始了，先出现的是根部，根部会迅速穿透土壤牢牢固定在土壤中，从土壤中吸收水分、养分，从而萌发叶片。

（3）成长阶段。

植物叶子中的叶绿素会从阳光中吸收大量能量，太阳提供的能量利于光合作用，从而能促使植物更旺盛地生长。如果是喜光的植物，一定要放在采光好的环境下多晒太阳，促使其积攒更多的养分，旺盛生长。对光照需求量不高的植物，要适当遮光，避免被晒伤，影响生长萌发。

（4）营养生长阶段。

当植物每天接受 5 小时或者是 5 小时以上的光照时，就说明营养生长阶段开始了，这个阶段植物会迅速长出叶子和茎来支持花朵或者果实的生长。

（5）开花阶段。

大部分的植物成年后就会开花，花朵有雄性和雌性两部分，在大多数的植物中会在同一朵花中出现这两部分。卵巢或心皮构成花的雌性部分，而雄性部分由雄蕊组成。

（6）生殖阶段。

植物通常都是通过昆虫传粉来进行无性繁殖的，在花期植物会将所有的能量用于繁殖。不同的植物繁殖方法可能不同，有的只有在雄性植物授粉后才会发育。

任务 12.3　总结与评价

先分组进行总结，分别说出制作过程及体会，写出书面总结。再互相检查制作结果，集体给每一位同学打分。

1. 任务完成调查

任务完成后，还要进行总结和讨论，教学时印有表 1-1 所示的打分表，可进行自我评价。

2. 行为考核指标

行为考核指标，主要采用批评与自我批评、自育与互育相结合的方法。采用自我考核和小组考核后班级评定的方法。班级每周进行一次民主生活会，就行为指标进行评议，教学时印有表 1-2 所示的评价表，可进行自我评价。

3. 集体讨论题

上网搜索各浮动菜单的基本功能，并进行思维导图式讨论。

4. 思考与练习

（1）掌握复制的方法，研究其规律。

（2）讲解装饰方法，掌握“装饰”方块使用方法。

项目13 我的新衣

学校要举行运动会，需要为运动员设计运动服，大家可以各显神通为运动员设计、制作运动服，本项目学习衣服设计方法。

任务 13.1　制作新衣

大家可以先思考一下服装的各种样式，研究衣服的制作方法，衣服面料，最后按个人的喜爱设计一套新衣服。

13.1.1　设计思路

开始制作衣服之前，大家可以先观察自己穿的衣服是什么样子？它的颜色、款式是怎样的？衣服材料是什么？该从哪个部分开始设计？经过反复思考，再确定设计思路和步骤，本项目的设计思路如图 13-1 所示。

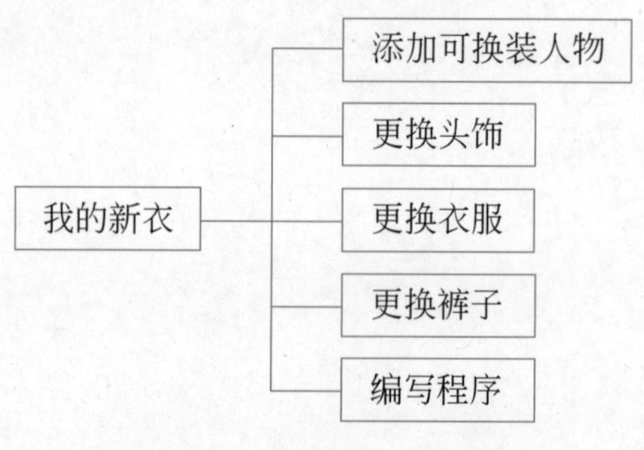

图 13-1　新衣设计思路图

13.1.2　开始制衣

实际的服装制作流程大致总结为设计、选样、制版、放码、面辅料检验并采购、开裁、缝制、锁眼钉扣、烫整、检验、包装、验针、存仓、出货。虚拟衣服制作过程如下。

1. 添加可换装人物

（1）新建世界，找到一片空地，按 E 键，在工具栏里的“代码”选项卡选择“代码方块（id:219 CodeBlock）”，如图 13-2 所示。

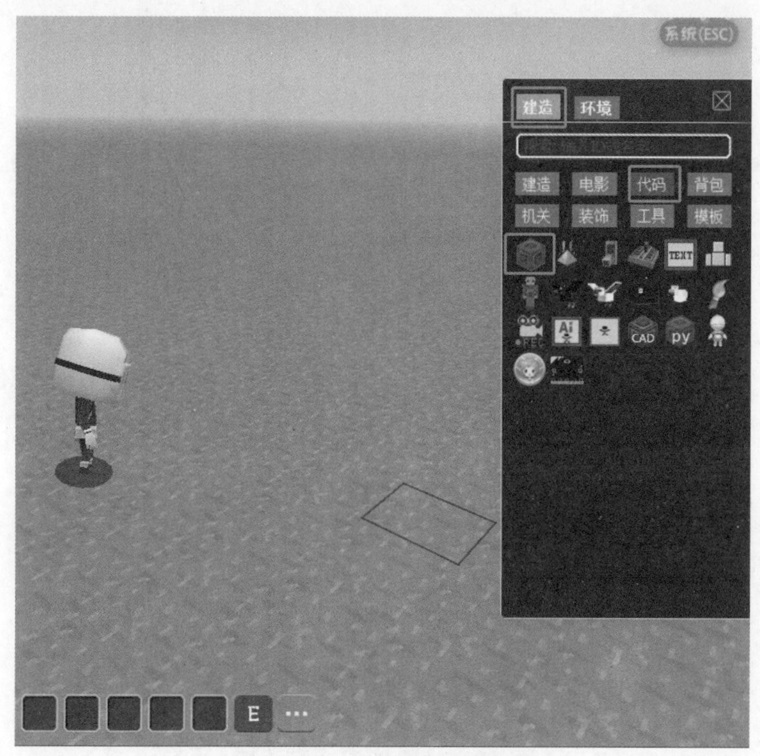

图 13-2　选择代码方块

（2）右击放置代码方块，再次右击打开代码方块，选择“角色模型”→“人类”→“可换装人物”，单击“确定”按钮，如图 13-3 所示，可换装人物就添加好了，如图 13-4 所示。

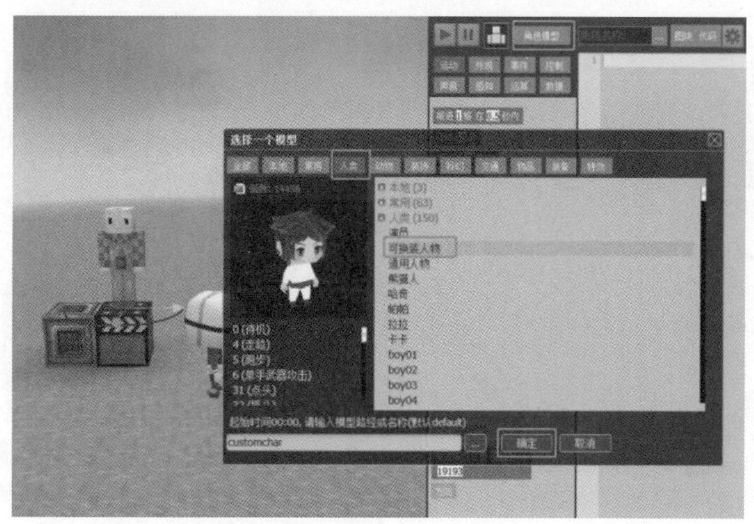

图 13-3　选择可换装人物

图 13-4　添加可换装人物

2. 更换头饰

（1）打开电影方块，单击右下角“动作”属性，切换到“皮肤”属性，单击右下角 + 号，如图 13-5 所示，进入了换装界面，如图 13-6 所示。

图 13-5　切换“皮肤”属性

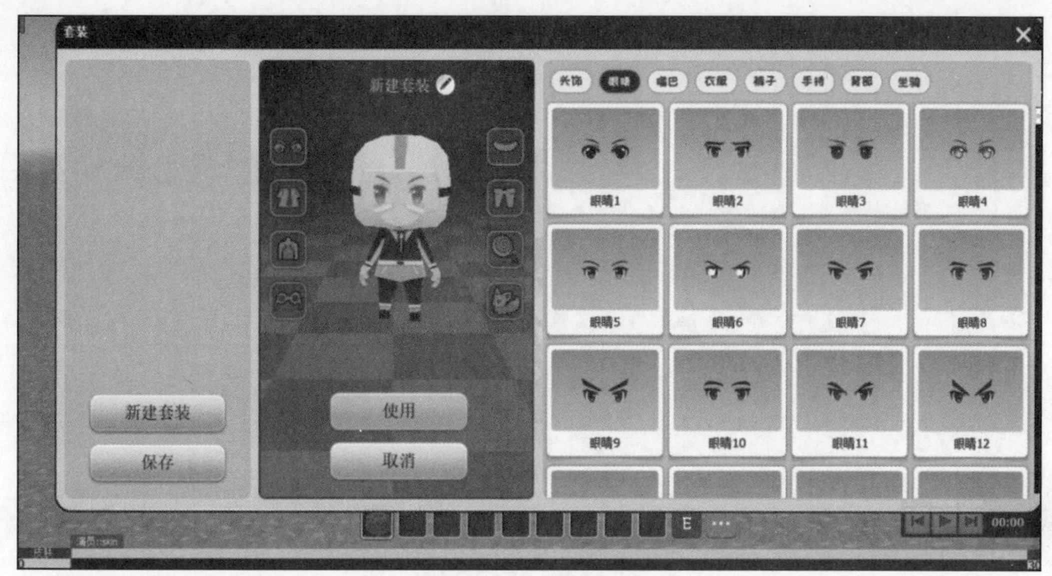

图 13-6　进入换装界面

（2）选择分类里的“头饰”选项，选择“冬运会”就可以看到可换装人物戴上了帽子，如图 13-7 所示。

图 13-7　选择头饰

3. 更换衣服

选择分类里的“衣服”选项，选择“紫色卫衣”，就可以看到可换装人物换上了衣服，如图 13-8 所示。

图 13-8　选择衣服

4. 更换裤子

选择分类里的“裤子”选项，选择“紫色裤子”就可以看到可换装人物换上了裤子，如图 13-9 所示。单击“使用”按钮，可换装人物衣服就换好了，如图 13-10 所示。

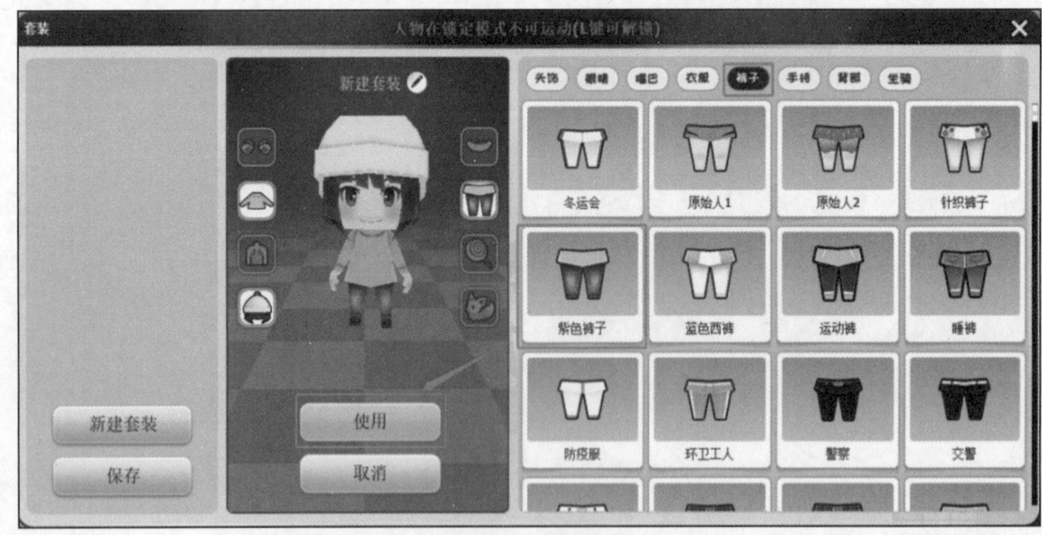

图 13-9　选择裤子

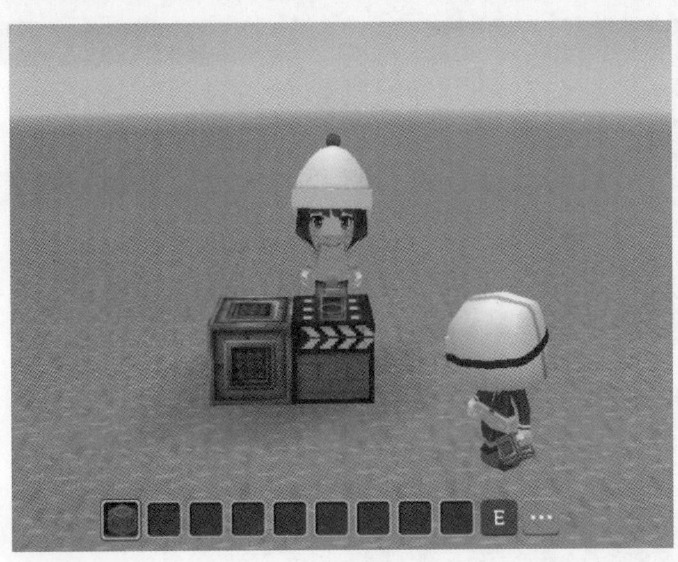

图 13-10　换装成功

5. 编写程序

大家可以尝试给人物添加一个造型或者让人物说一段话，打开电影方块，单击鼠标中键，将可换装人物拖曳到地上，如图 13-11 所示。单击“图块”，在外观分类里找到需要的代码拖曳到编辑区，如图 13-12 所示。单击“运行”按钮，程序就编写好了，如图 13-13 所示。

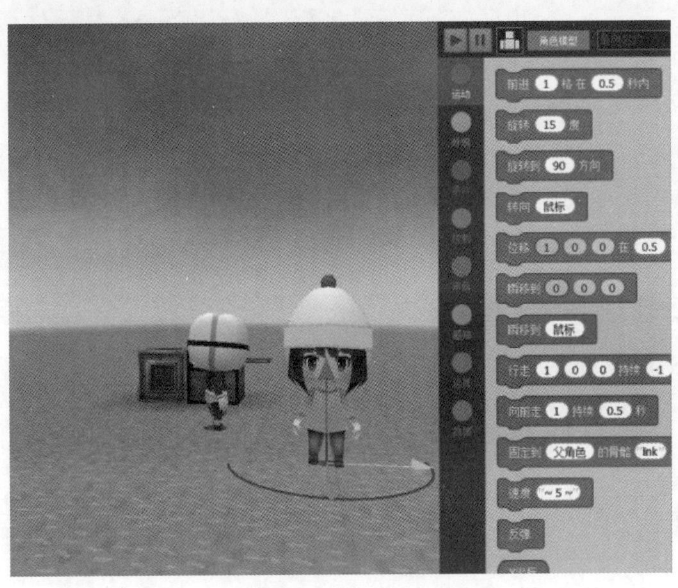

图 13-11　移动演员

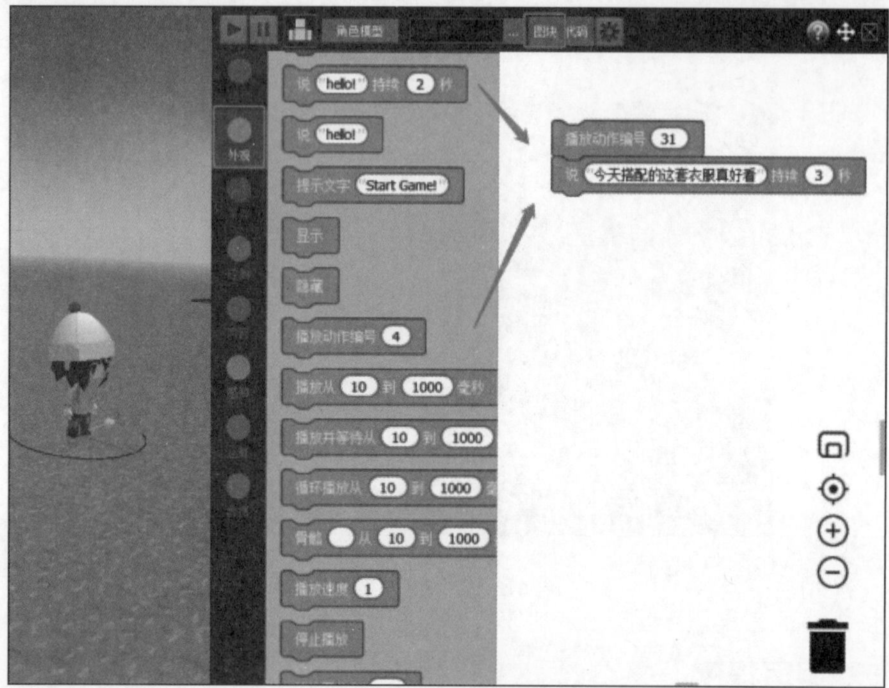

图 13-12　编写程序

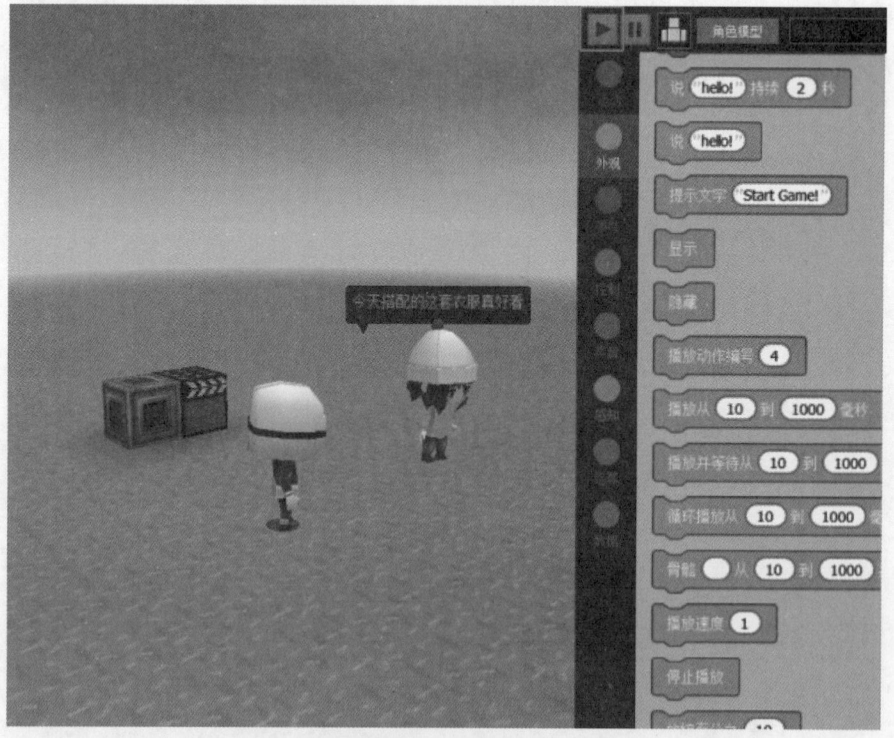

图 13-13　运行程序

任务 13.2 扩展阅读：服饰历史

人类生活离不开衣食住行。随着人类文明的诞生与发展，服饰作为主要日常必需品，在生产制造过程中，逐渐发展成为日渐新颖的操作模式，从人力到物力，从低产到高能，所有新兴的变革都是对产业良性发展的助力。那么，服装制衣史究竟如何？

大致来说，服装制衣史可分为原始阶段、新石器时代、青铜时代、铁器时代、蒸汽时代、电气时代、信息时代七大阶段，每个阶段都凝聚着人类智慧，赋能产业发展。

1. 原始阶段（距今 10 万年前）

原始阶段，各方面均属于发明、创造阶段。人类的祖先用兽皮、树叶等作为蔽体的服饰，通常采用骨针、筋线来缝制兽皮、树叶，形成最为原始的制衣工序。当时的服饰，没有美观一说，其最大的功能就是蔽体。

2. 新石器时代（距今约 1 万年）

新石器时代，纺织技术萌芽，当时的织造技术由制作渔猎所用的编织品和装垫用的编制品筐席演变而来，到了新石器时代晚期，编结技术已经用于服饰制作。同是在这一时期，纺织机诞生，如图 13-14 所示。人工织造的布帛也随之诞生，这个时期，贯头衣、披单服等披风式服装慢慢成为经典穿着。

3. 青铜时代（公元前 475 年—公元前 221 年）

青铜时代，纺织业日渐繁盛，商代有负责纺织的专职官职。汉代开辟丝绸之路后，丝织开始盛行。唐代，私营的纺织作坊出现。宋代，棉花种植与丝织技术不断精进。到了明朝，纺织作坊中，资本主义开始萌芽。

4. 铁器时代（公元前 2 世纪—公元 19 世纪）

据考古发现，江苏沛县留城镇、铜山洪楼、四川成都百花潭等地陆续出

图 13-14 纺织机

土了汉代画像石上所见的纺车、调丝、并丝、织机、染具等实物图形，反映出汉代在纺织业的高度成就。而随着资本主义的进一步发展，当时的制衣机器逐步完善。普及型木制织布机如图 13-15 所示。

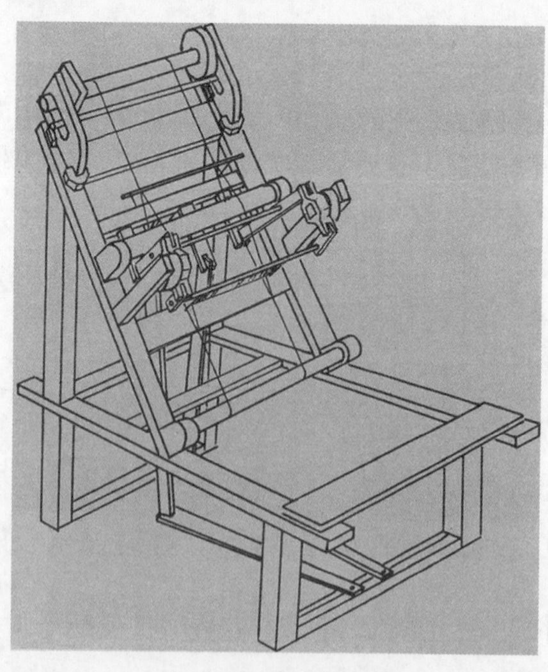

图 13-15 木制织布机

5. 蒸汽时代（18 世纪 60 年代）

蒸汽时代的到来与工业革命有着重要联系。棉纺织业的发展，促使纺织机的发明与改进。与此同时，蒸汽机发明不断完善。到了 1784 年，蒸汽机已经在纺织业中得到广泛应用，从根本上改变了生产面貌，提高了劳动效率。从一定层面上看，制衣模式实现了从手工到机器的初步转变与升级。

6. 电气时代（19 世纪 70 年代）

这一时期，服装企业步入了工业化发展阶段，中国也不例外。当时的服装产品仍处于短缺时代，因此，主要以大批量的生产制造模式呈现。从 1993 年起，中国成为世界第一服装制造大国，并在很长一段时间保持这一领先优势。

7. 信息时代（20 世纪至今）

从 2006 年开始，服装行业逐渐步入智能化制造发展阶段。这个阶段，行业生产制造模式开始由大批量，小品类到小批量，多品类转变，这一“小而美”的生产制造模式，对于企业的制造要求及实力更为严格。随着互联网的飞速发展，智能设备应运而生，同时更广泛地运用于服装行业各个领域。

（1）数字化。近几年，科技的飞速发展带动服装产业全链路生产模式的发展。据政策分析，未来，3D 数字化将成为行业发展必然趋势。3D 建模软件、自动化技术等的应用，数字化解决方案的运用，都是对传统生产模式的革新。

数字化全链路的生产制造模式，离不开数字化设备的支持。STYLE 3D 凝聚凌笛科技 4 年心血，全力打造的 3D 服装数字化技术群，成为行业走向 3D 数字化的重要工具之一。

（2）网络化。网络的普及，带给人的不仅是信息的快速普及，更有在线信息传递、信息沟通的便利性。互联网 + 形态下诞生的网络化协同平台，提升了各行各业的沟通效率。

在服装行业，STYLE 3D 推出的 3D 数字化在线协同平台，为品牌商、ODM 商、面料商等提供了智能加持，也为产业高效协同性提供了助力，赋予服装制衣全链路数字化支持。

服装的制衣模式演变是时代进步的结果，紧随趋势与风口，是每一位业内人士所需具备的思想，也是每一个企业所需思考的方向。STYLE 3D，让未来时尚，所见即所得！

任务 13.3　总结与评价

先分组进行总结，分别说出制作过程及体会，写出书面总结。再互相检查制作结果，集体给每一位同学打分。

1. 任务完成调查

任务完成后，还要进行总结和讨论，教学时印有表 1-1 所示的打分表，可进行自我评价。

2. 行为考核指标

行为考核指标，主要采用批评与自我批评、自育与互育相结合的方法。采用自我考核和小组考核后班级评定的方法。班级每周进行一次民主生活会，就行为指标进行评议，教学时印有表 1-2 所示的评价表，可进行自我评价。

3. 集体讨论题

讲述本项目各代码编程技术，并进行思维导图式讨论。

4. 思考与练习

（1）掌握电影方块的使用方法，研究其规律。

（2）讲解“套装”制作方法，掌握“装饰”使用方法。

项目 14　珍贵的礼物

礼物是心意的表达，寄托着人们美好的祝福。友情的分量不是用金钱来衡量的，而是用心，所以一份用心的礼物能让友谊满是回忆和感动，这就是珍贵的礼物。

任务 14.1 制作礼物

礼物存放在美观的礼物盒中，本任务制作一个可以自动打开盖子的礼物盒，将礼物盒盖子生成 bmax 模型，再通过编程控制盖子打开。

14.1.1 制作思路

首先制作一个盒子，再制作盖子，接着编写程序让盖子动起来，按照这样的思路画出制作思路图，如图 14-1 所示。

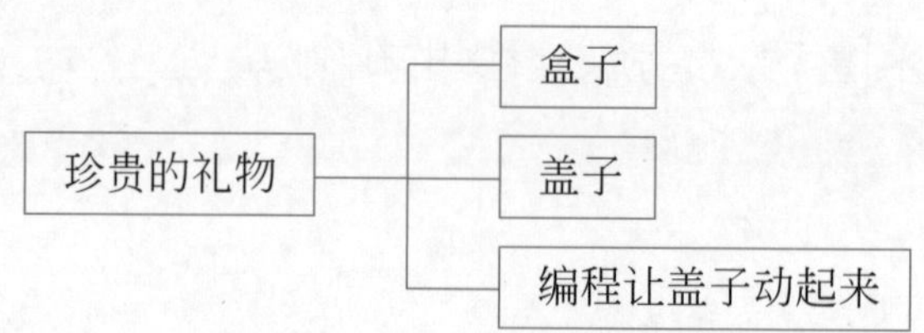

图 14-1 礼物制作思路图

14.1.2 开始制作

根据制作思路图，分 3 步做礼物盒子。第一步做盒子；第二步做盖子；第三步让盖子自动打开，详细制作步骤如下。

1. 制作盒子身体部分

找到空地，打开工具栏，选择自己喜欢的颜色，这里使用蓝色做一个没有顶盖的长方体，如图 14-2 所示。

2. 制作盒子盖子部分

在项目 6 中学习过，搭建完成的方块需要保存为 bmax 模型才能编程控制。因此，接下来制作盖子，并保存为 bmax 模型。

图 14-2 搭建长方体

（1）找到空地，打开工具栏，找到自己喜欢的颜色，制作一个平铺的长方形。这里使用了与盒子身体部分颜色一样的蓝色，如图 14-3 所示。

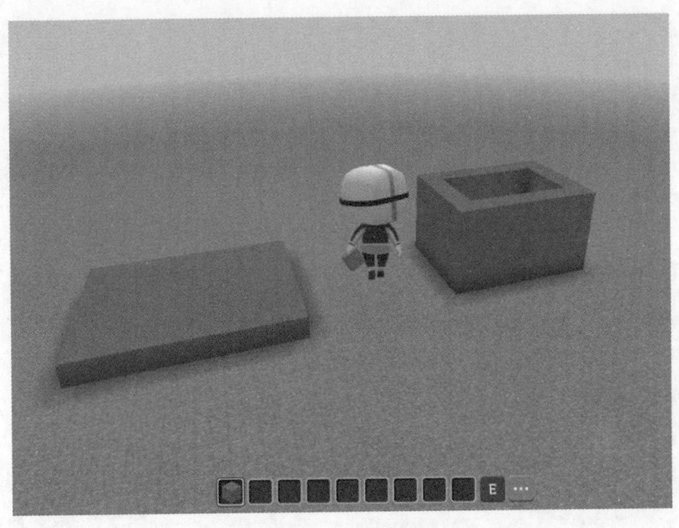

图 14-3 搭建盖子

（2）用 Ctrl 键 + 鼠标左键选择盖子，选择“保存”→“保存为 bmax 模型”命令，如图 14-4 所示。输入 bmax 文件名称为 gaizi，单击“确定”按钮，如图 14-5 所示。

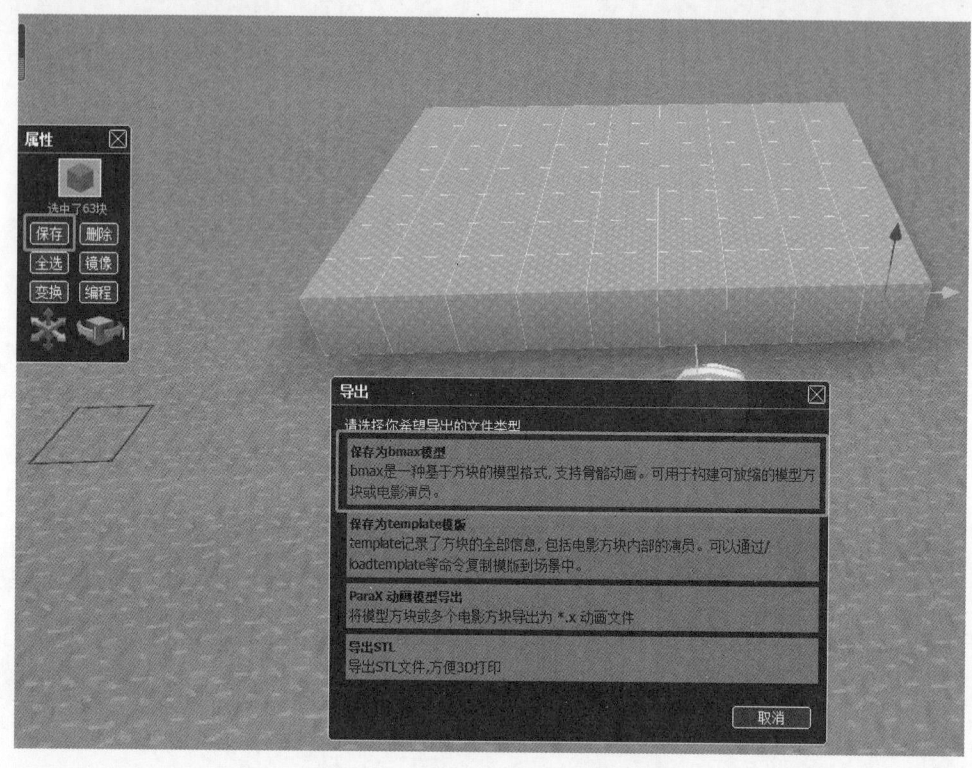

图 14-4　保存盖子为 bmax 模型

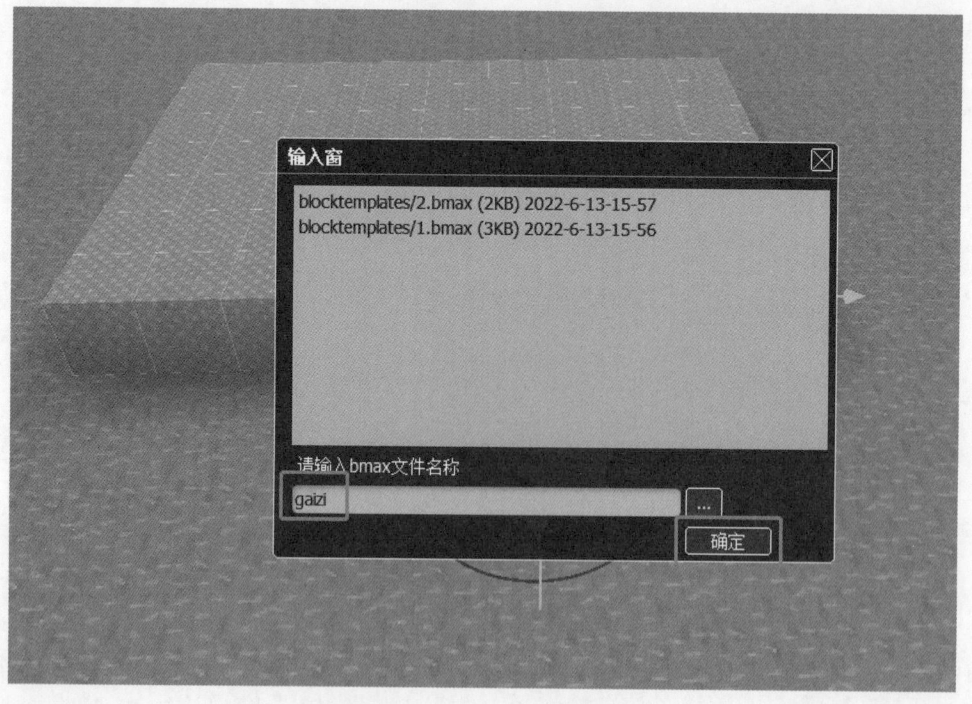

图 14-5　为 bmax 模型命名

3. 编写盖子程序

编写程序，使用旋转指令就可以控制盖子移动到其他位置，看起来就像盖子自动打开一样。

（1）选择代码方块放置在空地上，选择电影方块放置在代码方块旁边。右击电影方块，选择“本地”下的盖子模型，这个角色就是刚刚搭建的盖子模型，如图 14-6 所示。

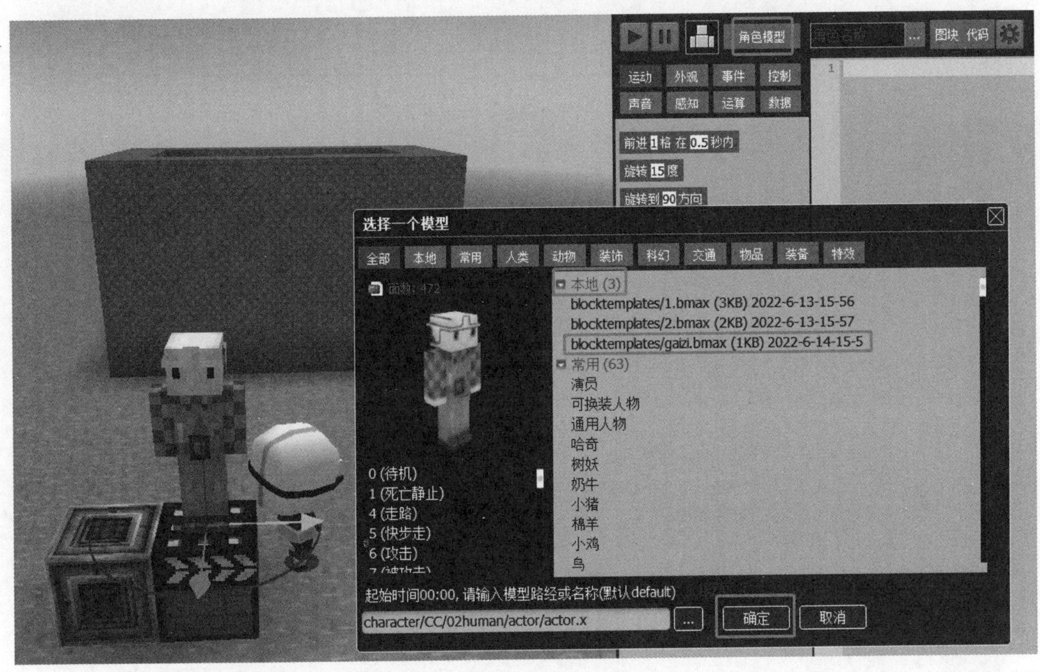

图 14-6　选择盖子

（2）切换到电影方块，按数字键 4，改变盖子的大小，如图 14-7 所示。为了整体美观，盖子略大于盒子就可以了，将盖子移到盒子上，如图 14-8 所示。

（3）切换到代码方块，选择“图块”模式。通过多次旋转的方式让盖子打开。将重复积木、旋转积木和等待时间积木放置在编程区，如图 14-9 所示。

想让盖子往哪边转动就要改变哪个方向的轴向数值，图 14-9 所示程序是让盖子在 X 轴方向上移动，也可以在其他轴方向移动，读者可自行尝试。

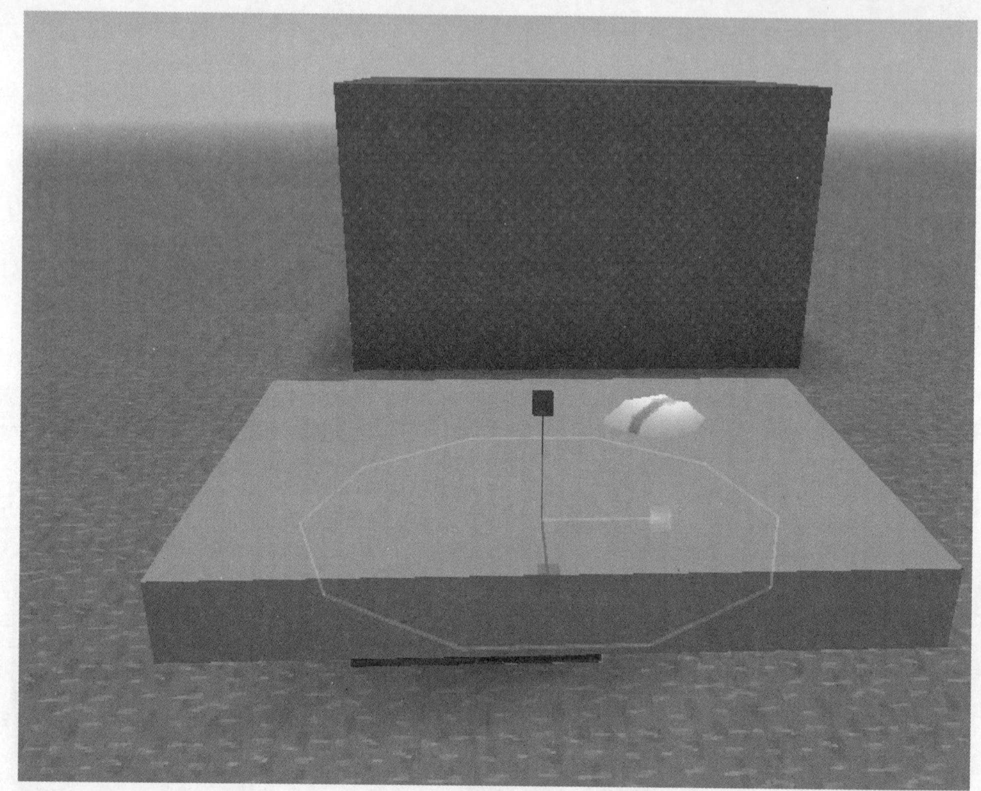

图 14-7　改变盖子大小

图 14-8　移动盖子到盒子上

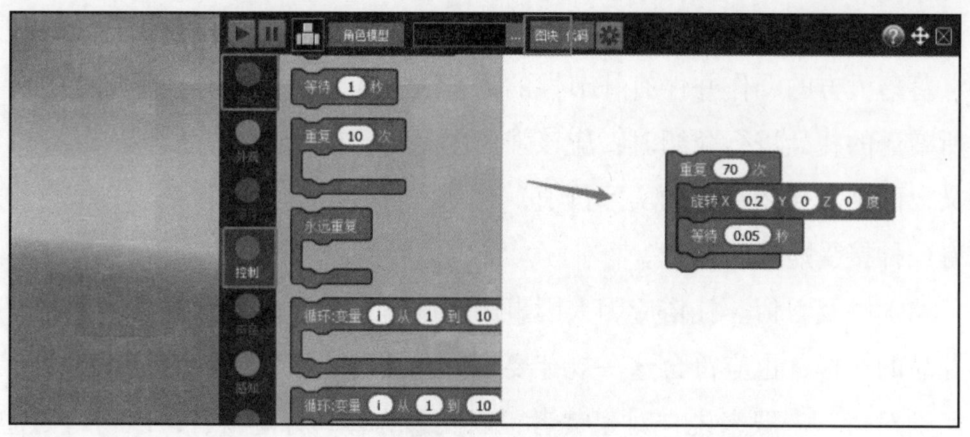

图 14-9　编写程序

任务 14.2　扩展阅读：礼品知识

礼品又称为礼物，通常是人和人之间互相赠送的物件。其目的是取悦对方，或表达善意、敬意。礼物也用来庆祝节日或重要的日子，如情人节的玫瑰或生日礼物。礼物也可以是非物质的。中国古代有“千里送鹅毛，礼轻情义重”的说法，表示礼物的价值在于送礼者的善意和心意，而非礼物本身的价值。

1. 送礼学问与技巧

中华民族是礼仪之邦，尊老爱幼是传统美德，在与人交往中孝敬老人，关爱儿童，赠送礼品是具体体现之一。下面具体介绍送礼的学问和技巧。

（1）礼轻情义重。赠送礼品应考虑具体情况和场合。一般在赴私人家宴时，可为女主人带些小礼品，如水果、土特产等；可给儿童赠送玩具 、糖果。应邀参加婚礼，除艺术装饰品外，还可赠送花束及实用物品。新年、圣诞节时，一般可送日历、酒、茶等。

（2）把握送礼的时机与方式。礼物一般应当面赠送，有些场合也可事先送去。礼贺节日 、赠送年礼，可派人送上门或邮寄。这时应随礼品附上送礼人的名片，也可手写贺词，装在大小相当的信封中，信封上注明送礼人的姓名，贴在礼品包装的上方。

（3）态度友善，言辞勿失。送礼时要注意态度、动作和语言表达。平和友善、落落大方的动作并伴有礼节性的语言表达，才是受礼方乐于接受的。在对所赠送的礼品进行介绍时，应该强调的是自己对受赠一方所怀有的好感与情义，而不是强调礼物的实际价值，否则，就显得重礼而轻义，甚至会使对方有一种接受贿赂的感觉。

（4）顾及习俗。礼俗应因人因事因地施礼，是社交礼仪的规范之一，对于礼品的选择，也应符合这一规范要求。礼品的选择，要针对不同的受礼对象区别对待。一般来说，对家贫者，以实惠为佳；对富裕者，以精巧为佳；对恋人、爱人，以纪念性为佳；对朋友，以趣味性为佳；对老人，以实用为佳；对儿童，以启智新颖为佳；对外宾，以特色为佳。

2. 礼品的创意性

选择的礼品一定要有温馨的感觉，拿在手里有似曾相识的情怀，温馨大部分来自一颗真心，别抱怨走遍了大街小巷都没有合适的礼品，有时候“踏破铁鞋无觅处，得来全不费工夫”，只要有心总会买好礼品。

3. 涉外礼品

涉外性挑选送给外国友人的礼品时一般在指导思想上必须恪守以下 3 个基本原则：其一、要突出礼品的纪念性。在涉外交往中送礼依然要讲究“礼轻情意重”。其二、要体现礼品的民族性。富有中国特色的风筝、二胡、笛子、剪纸、筷子、图章、书画、茶叶，一旦到了外国人手里往往会备受青睐、身价倍增。其三、要明确礼品的针对性。挑选礼品时要因人而异，因事而异。选择礼品时务必要充分了解受礼人的性格、爱好、修养与品位，尽量使礼品受到受礼人的欢迎。

任务 14.3　总结与评价

先分组进行总结，分别说出制作过程及体会，写出书面总结。再互相检查制作结果，集体给每一位同学打分。

1. 任务完成调查

任务完成后，还要进行总结和讨论，教学时印有表 1-1 所示的打分表，可进行自我评价。

2. 行为考核指标

行为考核指标，主要采用批评与自我批评、自育与互育相结合的方法。采用自我考核和小组考核后班级评定的方法。班级每周进行一次民主生活会，就行为指标进行评议，教学时印有表 1-2 所示的评价表，可进行自我评价。

3. 集体讨论题

了解块之间的转换技术，并进行思维导图式讨论。

4. 思考与练习

（1）掌握电影块与代码块之间的转换方法，研究其规律。

（2）讲解盖子自动打开的方法，掌握盒子的制作方法。

项目15 浪漫晚餐

下个星期就要期末考试了，老师说，期末考试完，邀请小乐和其他几个同学去家里吃晚餐，小乐很激动，脑海里一直在想象去老师家吃饭的情景，大家一起在3D世界中畅享一下小乐去老师家吃晚餐的情景吧！

任务 15.1　浪漫晚餐制作

在制作之前，先思考一顿晚餐需要用到哪些工具，如桌椅、餐具、菜谱等，除此之外，需要什么样的环境，需要用到什么样的编程技术等。

15.1.1　制作思路

由于一顿浪漫晚餐牵涉的事情太多，准备一餐丰盛的晚餐，非常辛苦，这里只是介绍制作晚餐用到的餐桌和餐椅，制作夜景。制作思路如图 15-1 所示。

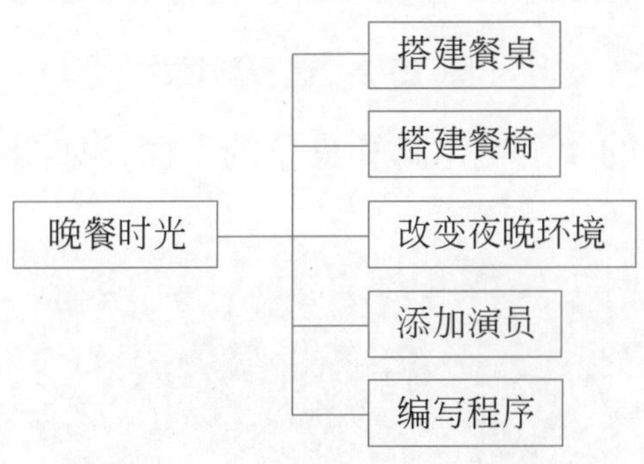

图 15-1　浪漫晚餐制作思路图

15.1.2　浪漫晚餐制作

根据制作思路图，结合之前所学的内容，可以自己先尝试做一下。具体步骤详细解释如下。

1. 搭建餐桌

在开始搭建之前，想象平时看见的餐桌是什么样子的，可以找到差不多的材质方块进行还原。

（1）选择工具栏中“建造”选项，找到自己喜欢的方块，如图 15-2 所示。

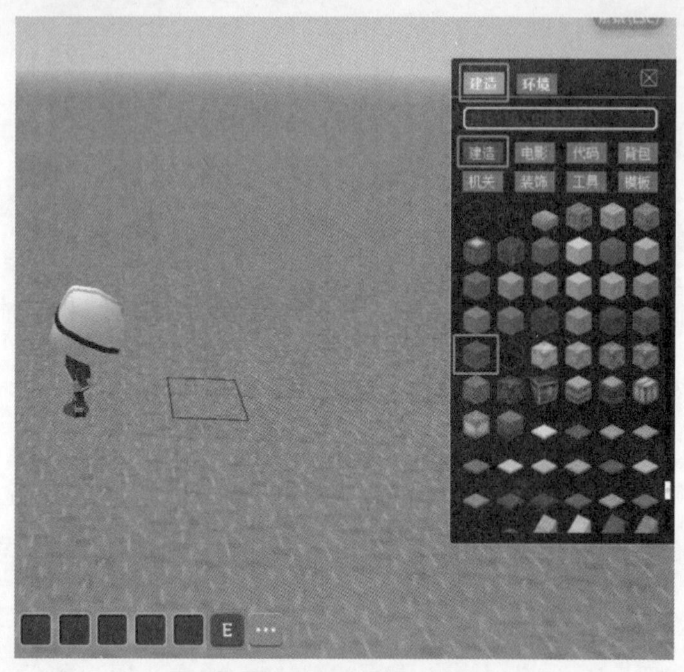

图 15-2　选择材质

（2）搭建出桌子的 4 个支撑脚和桌子的平面，如图 15-3 所示。

图 15-3　搭建桌子

2. 搭建餐椅

搭建出餐椅，如图 15-4 所示。

图 15-4　搭建餐椅

3. 改变时间环境

在工具栏选择“环境”选项，把时间轴往右边月亮方向拖动，可以看到编程世界的环境变化效果，如图 15-5 和图 15-6 所示。

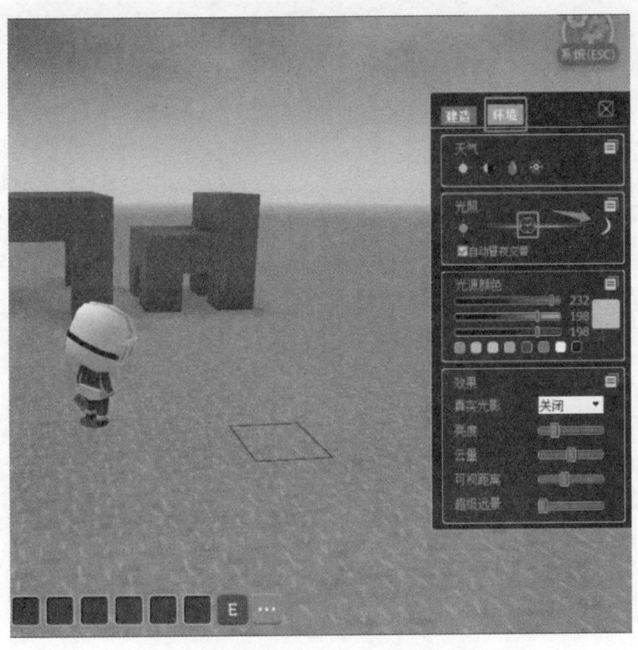

图 15-5　找到环境设置 1

图 15-6　找到环境设置 2

4. 添加演员

这一步需要添加合适的演员并调整到合适的大小。

（1）选择工具栏，单击代码方块，放到合适位置，右击代码方块，单击“角色模型”，选择合适的角色，如图 15-7 所示。

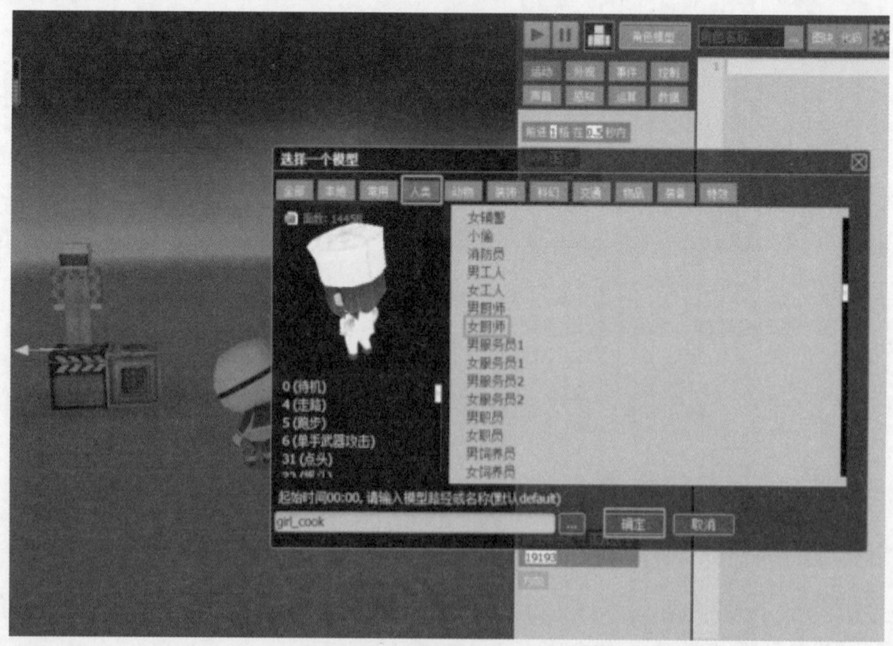

图 15-7　选择人物角色

（2）右击电影方块，按下快捷键 4，改变人物大小，如图 15-8 所示。

图 15-8　改变人物大小

5. 编写人物程序

大家要实现人物做动作，说话的场景。

（1）退出电影方块，右击代码方块，进入“图块”模式，首先播放需要的动作编号，动作编号可以在角色模型里面查询，再拖入外观模块里面的说话代码，输入一句话，如图 15-9 所示。

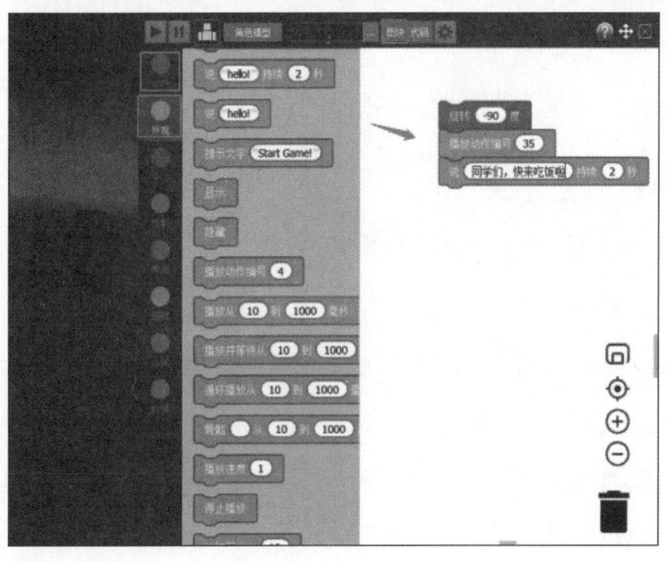

图 15-9　编写代码

（2）单击“运行”按钮，查看效果，如图 15-10 所示。

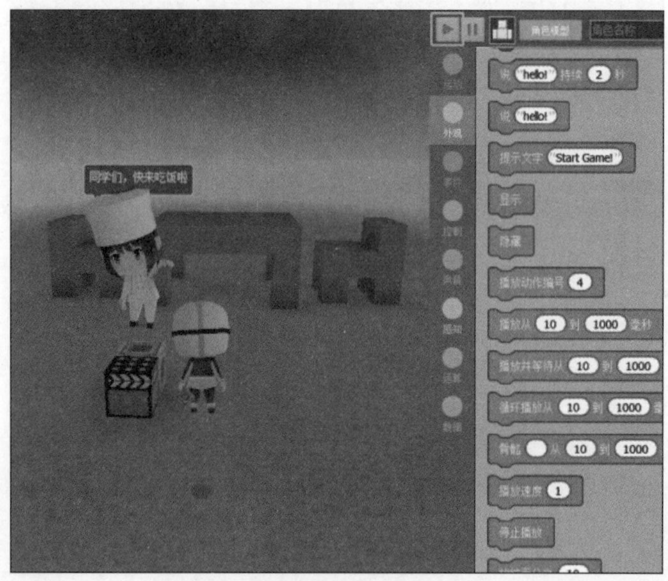

图 15-10　验证效果

任务 15.2　扩展阅读：吃的学问

吃指把食物等放到嘴里经过咀嚼咽下去（包括吸、喝），民以食为天，一日三餐，年复一年，不可缺失。但吃喝有很大学问，一是要均衡营养；二是不要暴饮暴食；三是不要饱餐饿顿。

1. 人为什么要吃饭

人每天都要吃饭，通过吃饭获取营养素，维持生命。人体必需的营养素可分为蛋白质、脂肪、无机盐、微量元素、维生素和水 6 类。蛋白质、脂肪和糖类都可以产生能量维持生命，而进行日常工作都需要能量，从科学上说，就是身体无时无刻都在消耗能量，以维持身体的生命活力。身体的消化器官，胃和肠道，在没有足够的食物转换能量时，就会发出能量缺乏信号。吃饭的目的就是补充能量，提供日常消耗所需。所谓人是铁饭是钢，一顿不吃饿得慌。食物是人类生活基本的需求，一日三餐都离不开，而不浪费食物，对每个人来说都是一件重要的事情。

2. 均衡营养

均衡营养，指的是合理搭配食物，才能营养均衡，尤其是对儿童和肥胖人群。合理搭配包括粗细搭配、荤素搭配、酸碱搭配等。配制合理的饮食就是要选择多样化的食物，使所含营养素齐全，比例适当，以满足人体需要。

在社会物质比较丰富、科技水平日益提高的今天，怎样吃得更科学或者说更有益于健康，是当前人们关注的话题。有人将当前人们在饮食方面的追求，概括为“吃杂”“吃粗”“吃野”和“吃素”四大特点。从营养学角度来看，还是应该将这四大特点结合，合理搭配，可能会更符合人们对各种营养的需求，对中老年人来说，合理搭配食物显得更重要。

（1）粗细搭配。

科学研究表明，不同种类的粮食及其加工品的合理搭配，可以提高其生理价值。粮食在经过加工后，往往会损失一些营养素，特别是膳食纤维、维生素和无机盐，而这些营养素也正是人体所需要或容易缺乏的。以精白粉为例，它的膳食纤维只有标准粉的 1/3，而维生素 B1 只有标准粉的 1/50；与红小豆相比二者少得更多。因此，在主食选择上，应注意粗细搭配。至于什么样的比例最好，由于个体差异，还是因人而异为佳。不过，多吃杂粮的好处是显而易见的。例如，小米和红小豆中的膳食纤维比精白粉高 8~10 倍，B 族维生素则要高出几十倍，这对于增强食欲，防止诸如便秘、脚气病、结膜炎和白内障等都是有益的。我国很多地方的“二米饭”（大米和小米）和“金银卷（白面粉和玉米面）”都是典型的粗细搭配的例子，是符合平衡膳食要求的食物。

（2）荤素搭配。

动物油含饱和脂肪酸和胆固醇较多，应与植物油搭配，尤应以植物油为主（植物油与动物油比例为 2 ∶ 1）。动物脂肪可提供维生素 A、维生素 D 和胆固醇，后者是体内合成皮质激素、性激素以及维生素 D 的原料。据最新的研究报道，胆固醇还有防癌作用。每天进食少量动物油是有益无害的。

又如，老年人容易缺钙，不妨经常用鲜鱼与豆腐一起烹调，前者含有较多的维生素 D，后者含有丰富的钙，两者合用，可使钙的吸收率提高 20 多倍；鲜鱼炖豆腐，味道鲜美又不油腻，尤其适合老年人；而黄豆烧排骨，其蛋白质的生理价值可提高二三倍。再如，人们日常生活中最常见的蔬菜与肉类的搭配，如黄瓜肉片、雪菜肉丝和土豆烧牛肉等，由肉类提供蛋白质和脂肪，由蔬菜提供维生素和无机盐，不但营养素搭配合理，而且色泽诱人，香气四溢，能使人食欲顿增。

（3）酸碱搭配。

我国劳动人民在与自然界的长期斗争中，留下了丰富的饮食文化，有待于用现代科学理论和技术去发掘、提高。例如，南方有些地区讲究把鳝鱼与藕合吃。原来鳝鱼含有黏蛋白和糖胺聚糖，能促进蛋白质吸收和利用，又含有比较丰富的完全蛋白质，属酸性食物；藕则含有丰富的天冬酰胺和酪氨酸等特殊氨基酸，以及维生素 B12 和维生素 C，属碱性食物。这一酸一碱，加之两者所含营养素的互补，对维持机体的酸碱平衡起着很好的作用。实际上，我国人民长期以来所形成的烹调习惯，有很多是属于酸性食物和碱性食物搭配的。总的看来，动物性食物属酸性，而绿叶菜等植物性食物属碱性，这两类食物的搭配对人体的益处是显而易见的，也是荤素搭配的优点所在。荤素平衡，以脂肪在每日三餐热量中占 25%~30% 为宜。健康饮食需注意以下几点：①食物多样，谷类为主，粗细搭配；②多吃蔬菜水果和薯类；③每天吃奶类、大豆或其制品；④常吃适量的鱼、禽、蛋和瘦肉；⑤减少烹调油用量，吃清淡少盐膳食；⑥食不过量，天天运动，保持健康体重；⑦三餐分配要合理，零食要适当；⑧每天足量饮水，合理选择饮料；⑨饮酒应限量；⑩吃新鲜卫生的食物。

3. 暴饮暴食

暴饮暴食是种不良的生活习惯，根据发生的频率和心理作用会发展成暴食症。岁末年初，宴请、聚餐的机会增多，因此暴饮暴食成为一种常见的“节日综合征”。暴饮暴食是一种不良的饮食习惯，会给人的健康带来很多危害。

人进食后，首先食物通过口腔的咬碎、咀嚼后咽入食管，再推入胃内，在胃中，食物与胃内容物彻底混合、储存，成批定量地经幽门输送至小肠。蛋白质在胃内被初步消化，而高脂溶性物质，如酒精在胃中被少量吸收，碳水化合物、蛋白质、脂肪、维生素、电解质等物质被完全消化、吸收的场所则在小肠。小肠内壁表面存在环形皱褶，在多种消化液的辅助下，营养物质在小肠被充分吸收，最后形成的食物残渣在大肠停留 1~2 天，吸收掉每天 1500~2000ml 的剩余水分，经肠蠕动，将其以粪便的形式排出体外。暴饮暴食就会完全打乱胃肠道对食物消化、吸收的正常节律。

在食物的消化、吸收中，一些附属器官发挥着同样重要的作用。胰腺内分泌胰岛素调节血糖，外分泌多种消化酶，胰淀粉酶消化碳水化合物，胰脂肪酶消化脂肪，胰蛋白酶、糜蛋白酶消化蛋白质。肝脏如同一个庞大的生化加工厂，肝细胞参与各种物质的代谢和合成，包括酒精的代谢，而且每天分泌 600~1200ml 胆汁，经胆管排泌进入胆囊储存，需要时排入十二指肠，帮助脂肪的消化。暴饮暴食则会在短时间内需求大量消化液，明显加重附属消化器官负担。

胃肠壁中存在完整的神经系统网络，其中肠肌间神经丛控制主要的胃肠道动力，肠黏膜下神经丛控制主要的黏膜感觉功能，进食后食物刺激黏膜下感觉神经细胞释放神经递质，“通知”肌间运动神经细胞，对胃肠道运动进行调控，保证人体每天规律地饮食和排便。过年前，人们工作变得更加忙碌，除了工作还有很多应酬，许多人整天泡在酒局、饭局中，暴饮暴食，生活极度不规律，情绪亢奋、精神紧张，这些会影响中枢神经系统，导致胃肠道动力、感觉系统失调而致病。

暴饮暴食后会出现头晕脑胀、精神恍惚、肠胃不适、胸闷气急、腹泻或便秘，严重的会引起急性胃肠炎，甚至胃出血；大鱼大肉、大量饮酒会使肝胆超负荷运转，肝细胞加快代谢速度，胆汁分泌增加，造成肝功能损害，诱发胆囊炎、肝炎病人病情加重，也会使胰腺大量分泌，十二指肠内压力增高，诱发急性胰腺炎，重症者可致人死亡。研究发现，暴饮暴食后 2 小时，发生心脏病的危险概率增加 4 倍。发生腹泻时，老年人因大量丢失体液，全身血循环量减少，血液浓缩黏稠，流动缓慢，而引发脑动脉闭塞，脑血流中断，脑梗塞形成。一旦出现上述不良后果，不必惊慌失措，症状重者应及时就医，进行正确处理，以防延误。

4. 饱餐饿顿

随着现代生活的快节奏和工作压力的增加，越来越多的人养成了吃饭不规律的习惯。他们可能由于忙碌或者其他原因，长期饥一顿、饱一顿，饮食没有规律。却不知，这种不规律的饮食习惯会给身体健康带来一系列负面影响，下面介绍 4 种让人意想不到的后果。

（1）代谢紊乱。长期饥一顿饱一顿会导致身体的代谢紊乱。由于摄入食物的不规律，身体的能量供应无法得到平衡。当暴饮暴食时，身体会将多余的热量储存为脂肪，导致体重增加。而在饥饿的时候，身体会转入节省能量的模式，降低代谢速率，这样一来，即使少量的食物也会被身体储存为脂肪。长期下去，代谢紊乱可能导致肥胖问题，同时也增加了患上糖尿病和心血管疾病的风险。

（2）营养不均衡。长期不规律的饮食容易造成营养不均衡。当没有定时吃饭或者吃的食物种类单一时，身体无法获得充足的营养物质，如维生素、矿物质和膳食纤维等。长此以往，身体就会出现各种健康问题。例如，缺少维生素 C 免疫力会下降，容易感染；缺少膳食纤维会导致便秘和消化问题；缺少铁和钙等矿物质会影响血液和骨骼的健康等。因此，保持饮食的规律和多样性非常重要，以确保身体摄取到全面的营养。

（3）精力不集中。不规律的饮食习惯对大脑功能也有负面影响。研究表明，饥饿和过度饮食都会导致血糖的波动，从而影响脑部的运作。长期下来，不稳定的血糖水平可能导致精力不集中、注意力不集中和记忆力减退。此外，缺乏营养物质也会影响大脑的正常功能。因此，规律的饮食对于保持大脑的健康和高效运转至关重要。

（4）情绪波动。不规律的饮食还会对情绪产生负面影响。当肚子处于饥饿状态时，身体会分泌更多的压力激素，如皮质醇、肾上腺素，导致情绪不稳定和易怒。相反，吃得过多会引起身体的不适，如胀气和消化不良，进而导致情绪低落。长此以往，可能会影响到人际关系和心理健康。因此，保持规律的饮食可以帮助稳定情绪，提升生活质量。

面对以上后果，我们应该重视饮食规律的重要性，并采取相关措施来改善不规律饮食的问题。只有保持良好的饮食规律，才能享受到健康、积极的生活！

任务 15.3 总结与评价

先分组进行总结，分别说出制作过程及体会，写出书面总结。再互相检查制作结果，集体给每一位同学打分。

1. 任务完成调查

任务完成后，还要进行总结和讨论，教学时印有表 1-1 所示的打分表，可进行自我评价。

2. 行为考核指标

行为考核指标，主要采用批评与自我批评、自育与互育相结合的方法。采用自我考核和小组考核后班级评定的方法。班级每周进行一次民主生活会，就行为指标进行评议，教学时印有表 1-2 所示的评价表，可进行自我评价。

3. 集体讨论题

在 Paracraft 主界面中统计工具栏中工具个数,并讨论每一种工具的功能。

4. 思考与练习

（1）掌握工具栏中“环境”的使用方法，研究其规律。

（2）讲解桌子大小调整方法，掌握颜色调整方法。

项目 16　热闹的生日会

小乐的妹妹要过生日了，她在绘本上看到森林里的小动物举办的生日会非常热闹，也想邀请小动物来给自己过生日，小乐很想实现妹妹的生日愿望，大家可以帮助他吗？

任务 16.1　制作热闹的生日会

参加生日会的小动物有点多，本任务会用到导线连接代码方块，读者可以先找找导线在哪个菜单栏里。

16.1.1　生日会构思

开始制作前，大家可以先想一想如何添加小动物到电影方块中，如何让它们一起出现，以及从哪个部分开始制作。思维导图如图 16-1 所示。

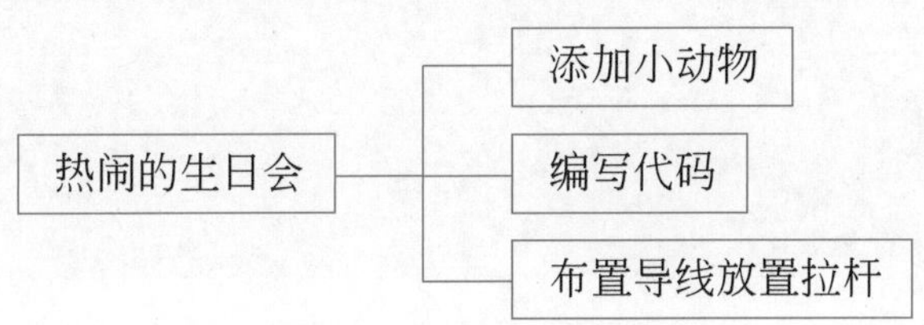

图 16-1　生日会思维导图

16.1.2　开始制作生日会

根据思维导图，结合之前学的内容，可以自己先做一下。下面是步骤详细解释。

1. 添加小动物

（1）新建世界，找到一片空地，按 E 键，在工具栏的“代码”选项卡选择“代码方块（id:219 CodeBlock）”，如图 16-2 所示。

（2）右击放置代码方块，再次右击打开代码方块，选择“角色模型”→“动物”→“青蛙”，单击“确定”按钮，第一个小动物就添加成功了，如图 16-3 所示。

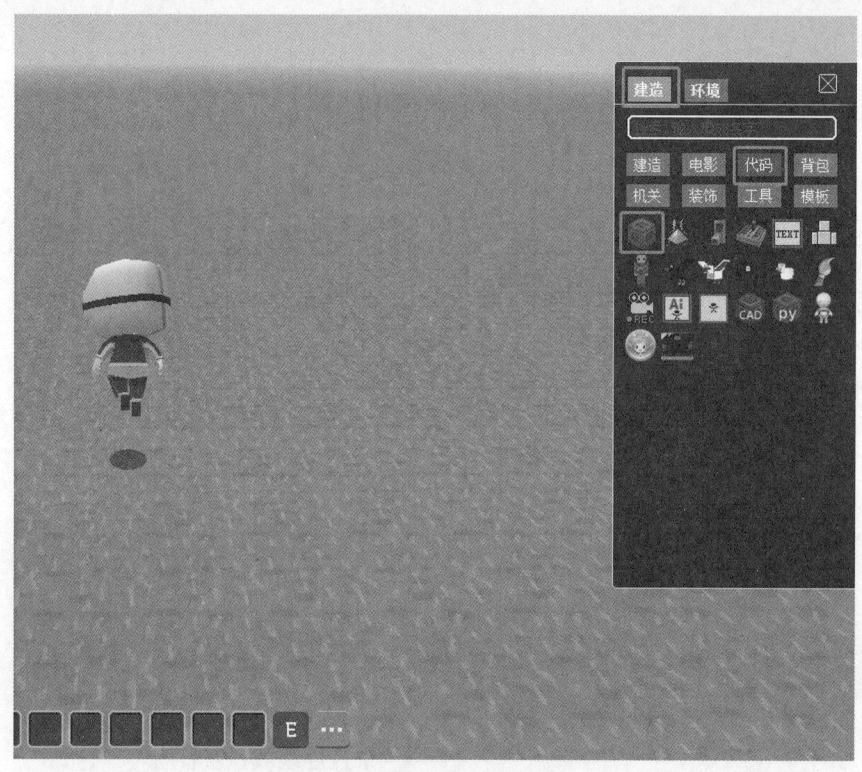

图 16-2　选择代码方块

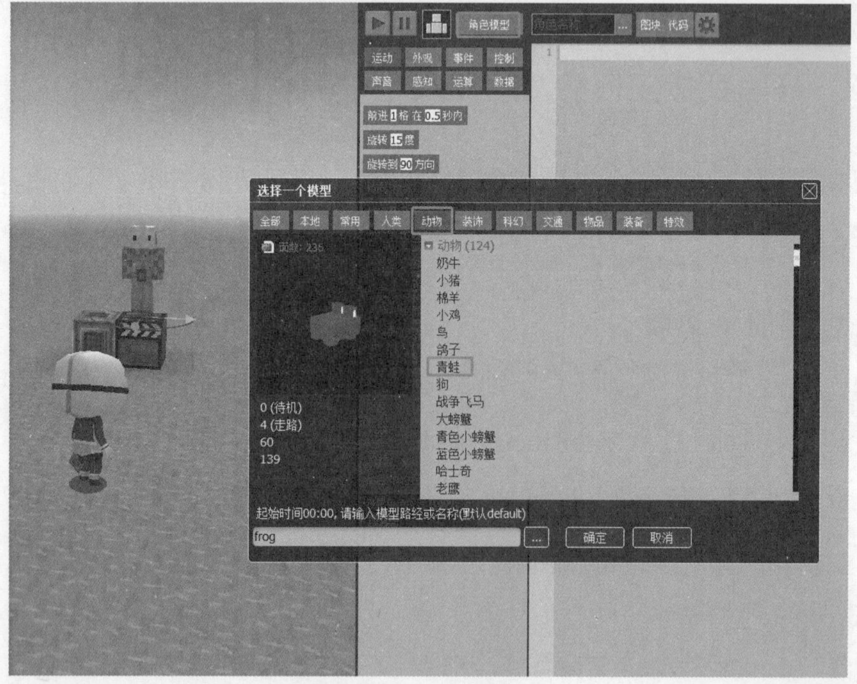

图 16-3　添加青蛙

（3）打开电影方块，单击右下角“动作”属性，切换到“大小”属性，如图 16-4 所示。拖动三色箭头中的任意一个箭头，即可改变演员大小，如图 16-5 所示。

图 16-4　改变“青蛙”属性

图 16-5　改变“青蛙”大小

2. 编写代码

已经将青蛙添加到电影方块，并且已经调整好了大小，接下来需要给它编写程序。

（1）打开代码方块，切换到“图块”属性，在“外观”分类里找到需要用到的代码，将它拖曳到编辑区，拼接好，如图 16-6 所示。单击“运行”按钮，就可以看到程序运行了，如图 16-7 所示。

图 16-6　编写添加“青蛙”程序

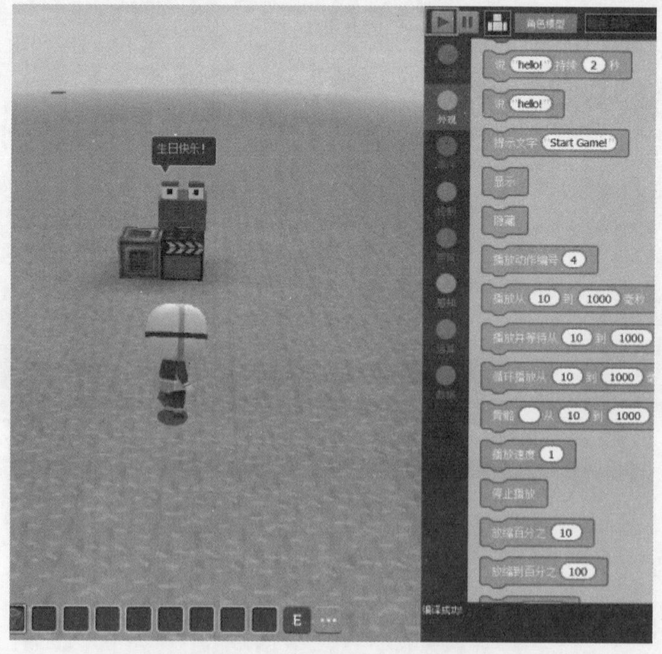

图 16-7　运行添加“青蛙”程序

（2）按照上面的步骤，继续在“动物”选项里添加哈士奇，如图 16-8 所示。然后改变大小，如图 16-9 和图 16-10 所示。编写程序，如图 16-11 所示。单击“运行”按钮，可以看到程序运行，如图 16-12 所示。

图 16-8　添加哈士奇

图 16-9　改变“哈士奇”属性

图 16-10　改变“哈士奇”大小

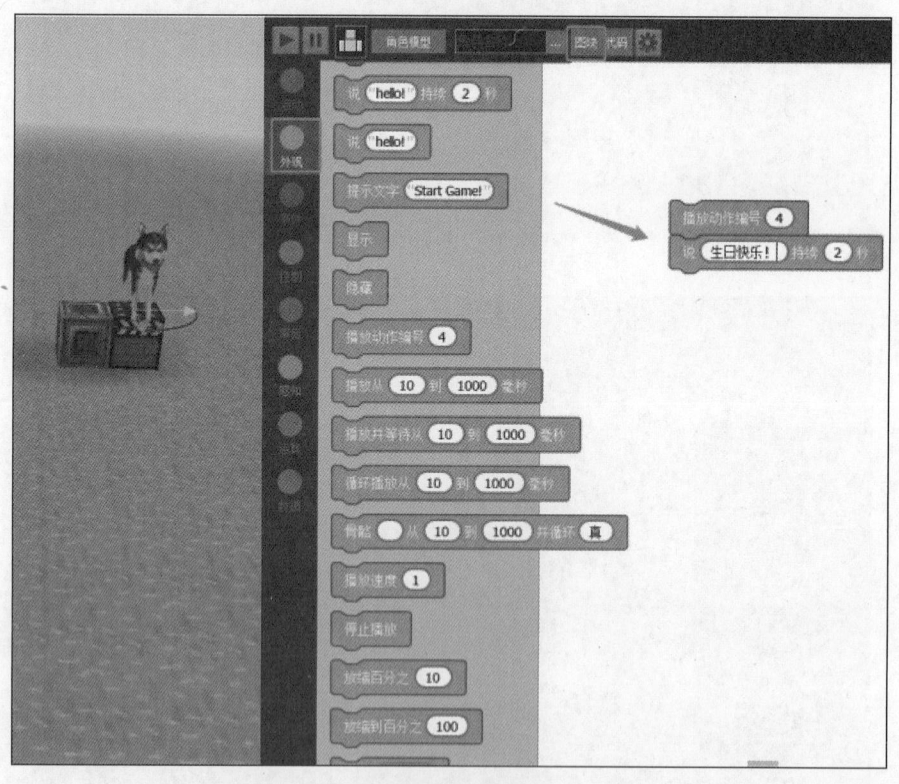

图 16-11　编写添加“哈士奇”程序

（3）重复上面的步骤，接着添加企鹅，编写好程序，单击“运行”按钮，如图 16-13 所示。至此，所有的动物都添加好了。

图 16-12　运行添加“哈士奇”程序

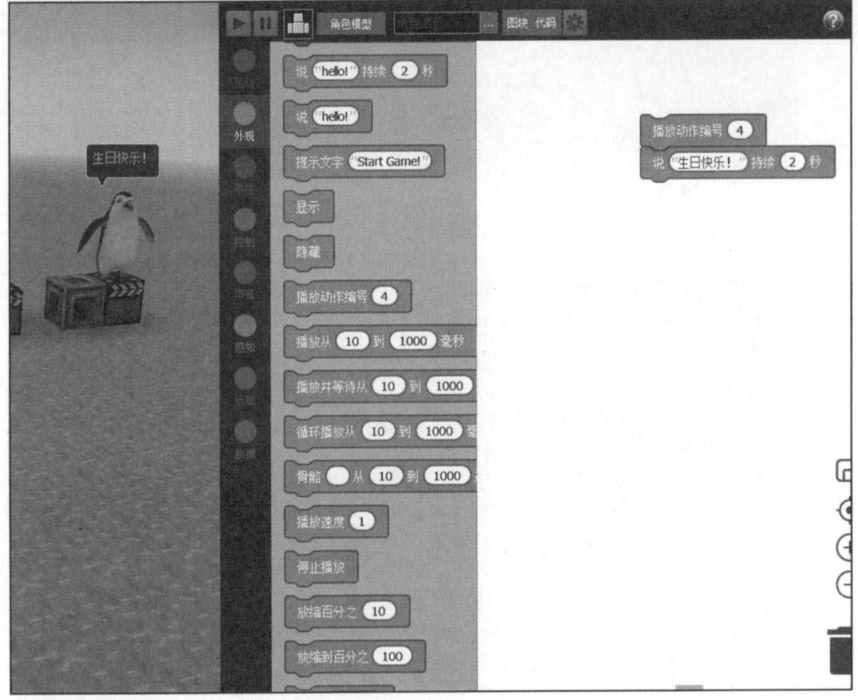

图 16-13　添加企鹅

3. 布置导线放置拉杆

按 E 键，在“建造”工具栏的“机关”选项卡选择“导线（id:189 Wire）”和“拉杆（id:190 Lever）”，如图 16-14 所示。右击来布置导线和放置拉杆，如图 16-15 所示。单击拉杆，就可以看到程序运行了，如图 16-16 所示。

图 16-14　选择“导线”和“拉杆”

图 16-15　放置“导线”和“拉杆”

图 16-16　运行程序

任务 16.2　扩展阅读：生日知识

生日既指一个人出生的日子，也指一个人的出生纪念日。传统中国人以农历计算生日，小孩子一周岁的生日称为“周岁”，有各种习俗。老年人的生日称为寿日，在 50 岁以上逢十可称为大寿。在中国的传统中，生日吃长寿面和鸡蛋。现在大多数人以阳历计算生日，庆祝方式也改为蛋糕和蜡烛。

1. 生日的起源

春秋时期，人们就希望获得长寿，《诗经》中就有“万寿无疆，寿比南山”这样祝福的话，但生日形成的习俗要到南北朝时期，到了唐玄宗的时候，他把自己的生日设为千秋节，作为当时法定节假日。后面的皇帝就纷纷开始效仿，上行下效，老百姓也开始重视自己的生日了。

在西方，最早的生日记载是埃及的法老为自己庆祝生日，后来希腊人也开始为神话中的神明庆祝生日。到 12 世纪，天主教堂开始记录小孩出生日期，赐名洗礼。到了 14 世纪，大约我国明朝时候，基督教就开始形成纪念洗礼赐名的名字日，可以说生日的起源离不开祈福消灾，表达了人类对生命的渴望。

过生日的时候有很多象征，如吃长寿面、生日蛋糕，吹蜡烛，那么这些符号和习俗是怎么和人的生日产生联系的呢？

长寿面的习俗，据说起源于汉武帝时期，汉武帝有一天和百官闲聊时道，《相书》上说，人中长一寸能活 100 岁。东方溯回应道，彭祖活了 800 岁，人中得有八寸长，那脸得多长啊？古时候的脸称为面，脸长就叫作面长。人人都想长寿，让自己人中长一些，所以就用面代替脸，就流传下来生日吃面条的习俗。

蛋糕上点蜡烛的习俗起源于希腊，希腊人把插着蜡烛的圆蜜饼供奉在月亮女神和狩猎之神的祭坛上，供奉神明。根据欧洲民间传统信仰，生日那天，是过生日人的人离灵魂最近的一天，很容易受到好运和厄运的影响，在生日蛋糕上点的蜡烛有着神奇的力量，吹熄后的烟能够飘到过生日人的保护神那里，从而保护过生日的人，会让他愿望成真。生日祝福和唱生日歌是为了防止恶魔伤害过生日的人，可见，不管是哪里的生日起源和过生日的习俗，都是为了祈福和消灾。现在人们过生日更是为了祝福和团聚。

2. 生日蛋糕

中古时期的欧洲人相信，生日是灵魂最容易被恶魔入侵的日子，所以在生日当天，亲人朋友都会齐聚身边给予祝福，并且送蛋糕以带来好运，驱逐恶魔。流传至今，不论是大人或小孩，都可以在生日时，买个漂亮的蛋糕，享受众人给予的祝福。由于疼爱孩子，古希腊人在庆祝他们孩子的生日时，在糕饼上面放很多点亮的小蜡烛，并且加进一项新的活动——吹灭这些燃亮的蜡烛。他们相信燃亮的蜡烛具有神秘的力量，如果这时让过生日的孩子在心中许下一个愿望，然后一口气吹灭所有蜡烛的话，那么这个孩子的美好愿望就一定能够实现。最早的蛋糕是用几样简单的材料做出来的，这些蛋糕是古老宗教神话与奇迹式迷信的象征。早期的经贸路线使异国香料由远东向北输入，坚果、花露水、柑橘类水果、枣子与无花果从中东引进，甘蔗则从东方国家与南方国家进口。

在欧洲黑暗时代，这些珍奇的原料只有僧侣与贵族才能拥有，而他们的糕点创作则是蜂蜜姜饼以及扁平硬饼干之类的食物。慢慢地，随着贸易往来的频繁，西方国家的饮食习惯也发生了彻底改变。

十字军东征返家的士兵和阿拉伯商人把香料的运用和中东的食谱传播开。在中欧几个主要的商业重镇，烘焙师傅建立了同业公会。而在中世纪末，香料已被欧洲各地的富有人家广为使用，从而增进了糕点烘焙技术的丰富想象力。等到坚果和糖大肆流行时，杏仁糖泥大众化起来，这种杏仁糖泥是用木雕的凸版模子烤出来的，而模子上的图案则与宗教训诫多有关联。蛋糕（见图 16-17）最早起源于西方，后来慢慢传入中国。

图 16-17　蛋糕

任务 16.3　总结与评价

先分组进行总结，分别说出制作过程及体会，写出书面总结。再互相检查制作结果，集体给每一位同学打分。

1. 任务完成调查

任务完成后，还要进行总结和讨论，教学时印有表 1-1 所示的打分表，可进行自我评价。

2. 行为考核指标

行为考核指标，主要采用批评与自我批评、自育与互育相结合的方法。采用自我考核和小组考核后班级评定的方法。班级每周进行一次民主生活会，就行为指标进行评议，教学时印有表 1-2 所示的评价表，可进行自我评价。

3. 集体讨论题

了解工具条的使用方法，并进行思维导图式讨论。

4. 思考与练习

（1）掌握代码编写方法，研究其规律。

（2）讲解并掌握外观代码编写方法。